依据《建筑工程施工现场标志设置技术规程》(JGJ 348—2014)编写

施工现场标志牌大全

（第 3 版）

主　　编　吴　建

副 主 编　黄　曦

摄　　影　胡京林

设计制图　连　欢

U0212566

中国建材工业出版社

图书在版编目(CIP)数据

施工现场标志牌大全/吴建主编. —3版. —北京：
中国建材工业出版社,2016.7
ISBN 978-7-5160-1560-5

Ⅰ.①施… Ⅱ.①吴… Ⅲ.①建筑工程—施工现场—
标志—汇编 Ⅳ.①TU721

中国版本图书馆 CIP 数据核字(2016)第 144993 号

内 容 提 要

　　本书以《建筑工程施工现场标志设置技术规程》(JGJ 348－2014)为基础,结合《建筑施工安全检查标准》(JGJ 59－2011)及《建筑施工现场环境与卫生标准》(JGJ 146－2013)的相关规定,对施工现场主要标志的图形、尺寸、颜色、文字说明、设置范围及标志牌内容等方面进行全面详细的介绍。全书共分四个部分,内容包括:施工现场标志设置基本规定、施工现场标志牌设置范例、管理制度标志牌、安全操作规程标志牌。

　　本书主要内容取自于北京市安全文明示范工地,重点突出,实用性强,适合施工企业管理人员参考借鉴。

施工现场标志牌大全(第3版)

吴　建　主编

出版发行：中国建材工业出版社
地　　址：北京市海淀区三里河路1号
邮　　编：100044
经　　销：全国各地新华书店
印　　刷：北京雁林吉兆印刷有限公司
开　　本：787mm×1092mm　1/16
印　　张：15.5
字　　数：190千字
版　　次：2016年7月第3版
印　　次：2016年7月第1次
定　　价：68.00元

本社网址：www.jccbs.com.cn　　微信公众号：zgjcgycbs
本书如出现印装质量问题,由我社市场营销部负责调换。联系电话：(010) 88386906

前　　言

　　施工现场标志牌的设置，是文明施工的重要组成部分，标志牌的规范程度、安全标语、宣传栏的布置，均是《建筑施工安全检查标准》（JGJ 59—2011）要求的内容。2014年6月1日开始实施的《建筑施工现场环境与卫生标准》（JGJ 146—2013），对围墙及标志的设置也作了明确规定。2015年5月1日起实施的《建筑工程施工现场标志设置技术规程》（JGJ 348—2014），对建筑工程施工现场标志的设置、维护和管理提出了更明确的要求。

　　施工现场各类标志牌的正确合理设置，不仅能对施工参与各方、各级负责人、各工种施工人员起到提示、警示作用，而且也是施工现场整体形象的具体体现，直接反映了施工单位的整体管理水平及文明施工程度。

　　本书在编辑过程中，得到了中建集团一局、八局及北京城建集团有关领导的大力支持和协助，在此一并表示感谢。

　　本书所有图片实例均选自于上述公司的示范工地，有很强的借鉴和参考作用。

　　本书在编辑过程中肯定存在不足之外，恳请读者批评与指正。

编　者

2016年6月

目 录

中国建材工业出版社
China Building Materials Press

我们提供

图书出版、图书广告宣传、企业/个人定向出版、设计业务、企业内刊等外包、代选代购图书、团体用书、会议、培训，其他深度合作等优质高效服务。

编辑部
010-88386119

出版咨询
010-68343948

市场销售
010-68001605

门市销售
010-88386906

邮箱：jccbs-zbs@163.com　　网址：www.jccbs.com.cn

发展出版传媒　　服务经济建设

传播科技进步　　满足社会需求

绪　　论

一、施工现场标志设置基本规定[①]

1. 建筑工程施工现场应设置安全标志和专用标志。

2. 建筑工程施工现场的下列危险部位和场所应设置安全标志（此条为强制性条文，必须严格执行）：

(1) 通道口、楼梯口、电梯口和孔洞口；

(2) 基坑和基槽外围、管沟和水池边沿；

(3) 高差超过 1.5m 的临边部位；

(4) 爆破、起重、拆除和其他各种危险作业场所；

(5) 爆破物、易燃物、危险气体、危险液体和其他有毒有害危险品存放处；

(6) 临时用电设施；

(7) 施工现场其他可能导致人身伤害的危险部位或场所。

3. 应绘制安全标志和专用标志平面布置图，并宜根据施工进度和危险源的变化适时更新。

4. 建筑工程施工现场应在临近危险源的位置设置安全标志。

5. 建筑工程施工现场作业条件及工作环境发生显著变化时，应及时增减和调换标志。

6. 建筑工程施工现场标志应保持清晰、醒目、准确和完好施工现场标志设置应与实际情况相符，不得遮挡和随意挪动施工现场标志。

---

① 引自《建筑工程施工现场标志设置技术规程》（JGJ 348—2014）

7. 标志的设置，维护与管理应明确责任人。

8. 建筑工程施工现场的重点消防防火区域，应设置消防安全标志。消防安全标志的设置应符合现行国家标准《消防安全标志》(GB 13195) 和《消防安全标志设置要求》(GB 15630) 的有关规定。

9. 标志颜色的选用应符合现行国家标准《安全色》（GB 2893）的有关规定。

二、施工现场标志设置

（一）材料要求

1. 标志材料应采用坚固、安全、环保、耐用、不褪色的材料制作，不宜使用易变形、易变质或易燃的材料。有触电危险的作业场所应使用绝缘材料。

2. 施工现场涉及紧急电话、消防设备、疏散等标志应采用主动发光或照明式标志，其他标志宜采用主动发光或照明式标志。

3. 标志设置应便于回收和重复使用。

（二）载体要求

标志的载体可根据标志的种类选用，形式应符合下列规定：

1. 用牌、板、带作为载体的，应将信息镶嵌、粘贴在平面上，可固定在多种场所。

2. 用灯箱作为载体的，应在箱体内部安装照明灯具，通过内部光线的透射显示箱体表面的信息，宜用于安全标志和导向标志。

3. 用电子显示器（屏）作为载体的，应利用电子设备，滚动标志发布信息，宜用于名称标志。

4. 用涂料作为载体的，应将信息用涂料直接喷涂在地面或其他表面，宜用于标线。

5. 标志载体的尺寸规格应根据施工现场和标志的功能确定。尺寸规格不宜繁多。

6. 标志的版面布置应简洁美观、导向明确、无歧义。

(三) 位置要求

1. 安全标志应设在与安全有关的醒目位置，且应使进入现场的人员有足够的时间注视其所表示的内容。

2. 标志牌不宜设在门、窗、架等可移动的物体上，标志牌前不得放置妨碍认读的障碍物。

3. 安全标志设置的高度，宜与人眼的视线高度相一致；专用标志的设置高度应视现场情况确定，但不宜低于人眼的视线高度。采用悬挂式和柱式的标志的下缘距地面的高度不宜小于2m。

4. 标志的平面与视线夹角宜接近90°，当观察者位于最大观察距离时，最小夹角不宜小于75°。

5. 施工现场安全标志的类型、数量应根据危险部位的性质，分别设置不同的安全标志。

6. 当多个安全标志在同一处设置时，应按禁止、警告、指令、提示类型的顺序，先左后右，先上后下地排列。

(四) 形状颜色与尺寸要求

1. 制度标志

(1) 制度标志的基本形状应为长方形，其颜色宜为白底、黑字、红边框，标志右下角可标注企业符号和名称。

(2) 制度标志基本尺寸宜根据最大观察距离确定，应符合下表的规定。

观察距离		5	10	15
标志尺寸（mm）	长度	750	1250	1950
	宽度	450	750	1250

2. 名称标志

（1）施工区域、办公区域和生活区域应设置名称标志。

（2）名称标志，并符合下表的规定。

类型	背景颜色	文字颜色	文字字体
名称标志	蓝色或其他颜色（主要信息）	白色	黑体
	灰色（次要信息）	黑色	仿宋体
	黄色（提示信息）	黑色	仿宋体

（3）名称表示的基本形状应为长方形，其基本尺寸宜根据最大观察距离确定，应符合下表的规定。

观察距离（m）			10	15	20
标志尺寸（mm）	施工区域	长度	250	375	500
		宽度	200	300	400
	生活区域	长度	200	300	400
		宽度	150	225	300
	办公区域	长度	150	225	300
		宽度	100	150	200

（五）固定方式要求

1. 标志宜采用下列方式固定：

（1）悬持（吸顶）：通过拉杆、吊杆等将标志上方与建筑物或其他结构物连接的设置方式。

（2）落地：将标志固定在地面或建筑物上面的设置方式。

（3）附着：采用钉挂、焊接、镶嵌、粘贴、喷涂等方法直接将标志的一面或几面固定在侧墙、物体、地面的设置方式。

（4）摆放：将标志直接放置在使用处的设置方式。

2. 标志的固定应牢固可靠。

（六）维护与管理

1. 施工现场标志应保持颜色鲜明、清晰、持久，对于缺失、破损、变形、褪色和图形符号脱落等标志，应及时修整或更换。

2. 施工现场安全标志不得擅自拆除。

3. 对使用的标志应进行分类编号并登记归档。

三、常用术语

1. 标志（sign）

表明特征的记号。

2. 安全标志（safe sign）

表达特定安全信息的标志，由图形符号、安全色、几何形状（边框）或文字构成。安全标志分为禁止标志、警告标志、指令标志和提示标志。

3. 专用标志（special sign）

表达建筑工程施工现场特定信息的标志，由图形、几何形状（边框）或文字构成。专用标志分为名称标志、导向标志、制度标志和标线。

4. 危险源（hazard）

可能导致死亡、伤害、职业病、财产损失、工作环境破坏或这些情况组合的根源或状态。

5. 禁止标志（prohibition sign）

禁止人员不安全行为的安全标志。

6. 警告标志（warning sign）

提醒人员对周围环境引起注意，以避免可能发生危险的安全标志。

7. 指令标志（direction sign）

强制人员做出某种动作或采用防范措施的安全标志。

8. 提示标志（information sign）

提供某种信息的安全标志。

9. 名称标志（designation sign）

提供对特定事物专门称呼信息的专用标志。

10. 导向标志（direction guide sign）

用于引导车辆、人员行进方向的专用标志。

11. 制度标志（system class sign）

提供规范和约束行为信息的专用标志。

12. 标线（marking）

提供引导或警示信息的线形专用标志。

第一章 施工现场标志牌设置范例

一、施工现场标志牌范例

（一）大门和围挡

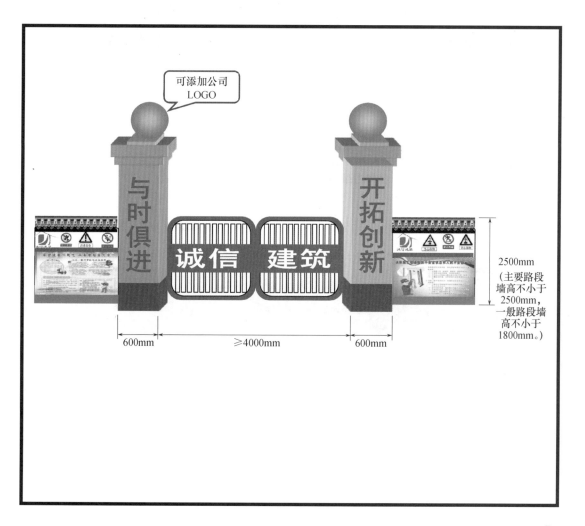

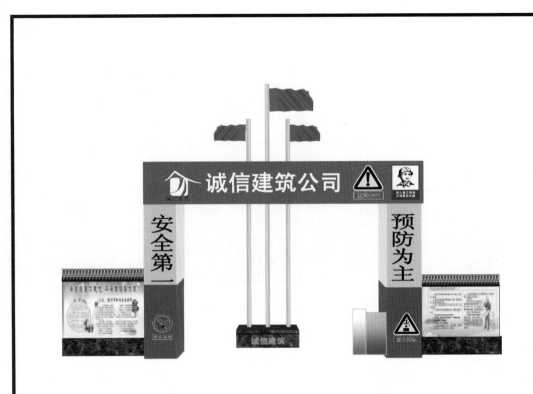

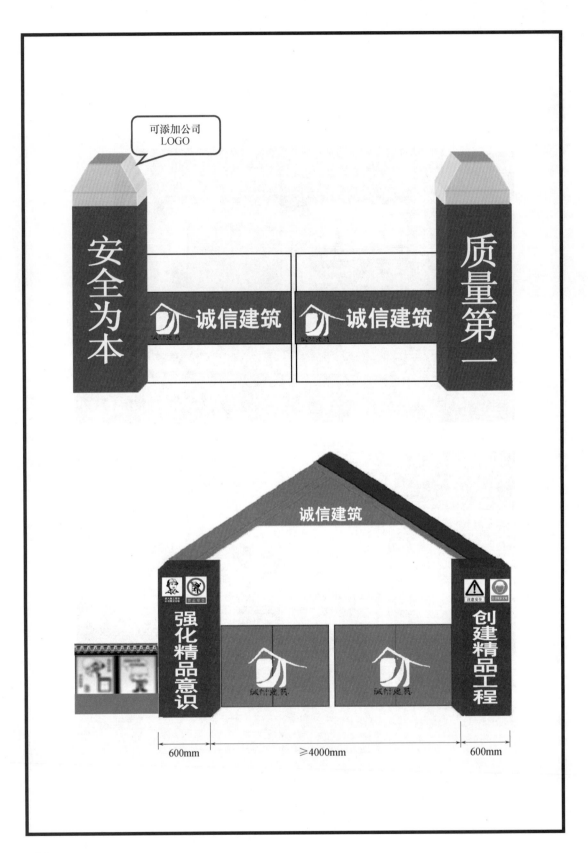

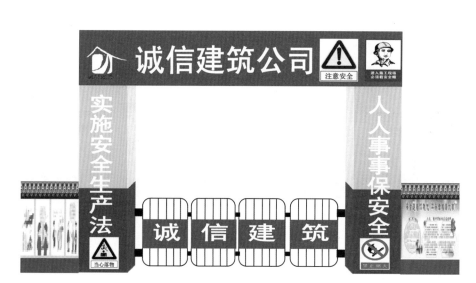

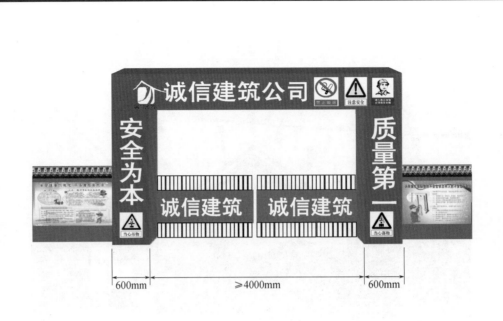

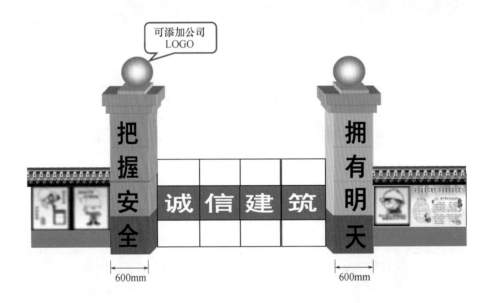

（二）实名制入口

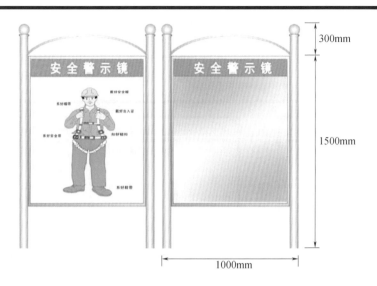

（三）十牌一图

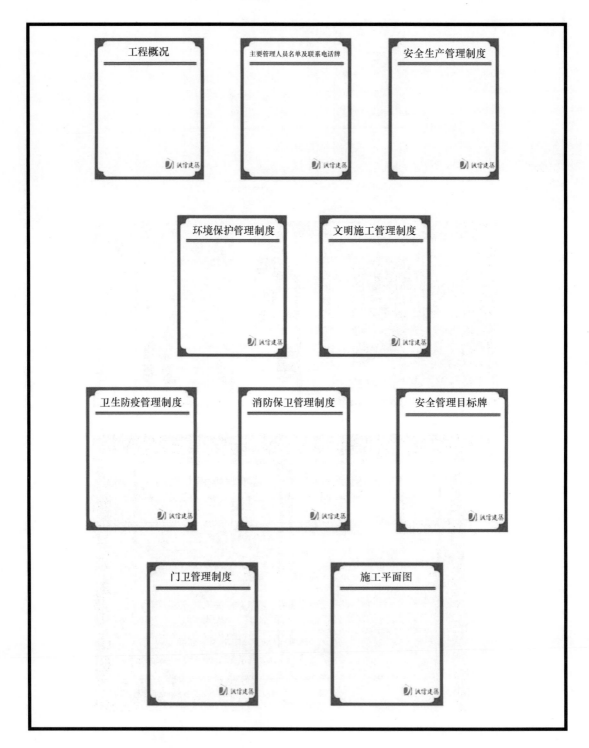

危险源公示牌

序号	危险源名称	主要负责人	防范要点

公示时间： 月 日- 月 日

发布人：　　　　　　　　　　发布时间： 年 月 日

施工现场文明施工管理制度

一、凡进入施工现场的人员必须严格遵守本制度，保持场容场貌规范整洁，按照施工现场平面图划分位置堆物、码料，设置机械设备等办公、生产、生活临时设施。

二、管理和作业人员应按照责任区划分履行职责，施工作业面应做到工完场清料净，垃圾及时分拣集中、分类回收利用并封闭堆放、清运。

三、施工现场内主要道路应硬化、畅通，排水沟渠合理，现场不积水、裸露地面洒水降尘和绿化。

四、施工现场应用围墙（挡）封闭式管理，大门、围墙、标牌、临设的设置要求执行城建集团CIS形象标准。

五、现场材料应分类按不同规格码放整齐，标识清晰准确，根据材料特点采取相应保护措施。

六、采取有效措施，做好施工建筑成品、半成品的保护、设施不得乱写、乱画。

七、施工现场应采取节能管理，杜绝长流水、长明灯。

八、食堂"三证"齐全，办公区、生活区整洁卫生，管理制度健全，做好卫生防疫和职业病预防保护工作。

北京城建集团中关村软件园国际交流与技术转移中心工程项目经理部

（四）工地导向牌

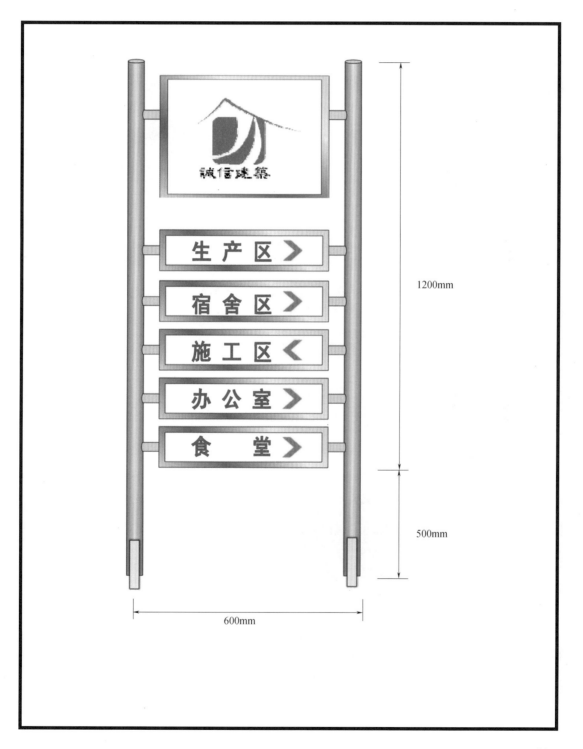

（五）工地宣传栏

1. 工地宣传栏

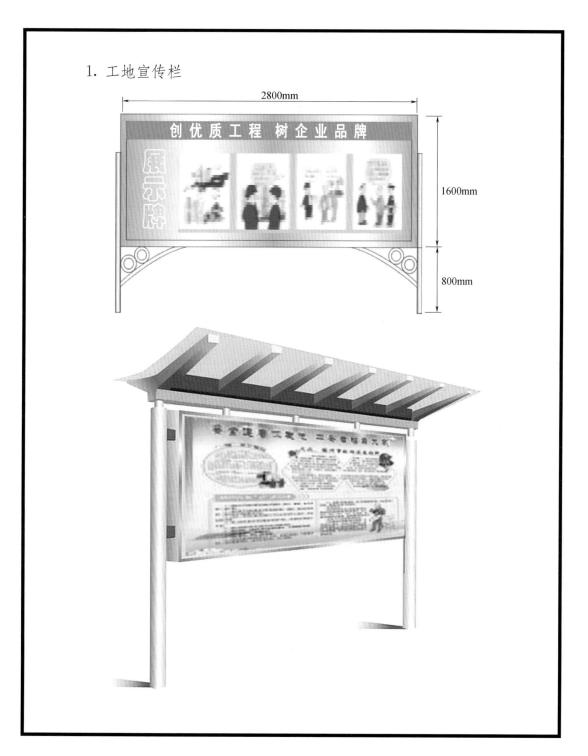

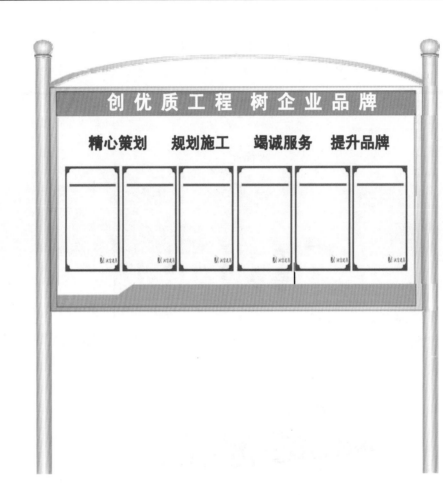

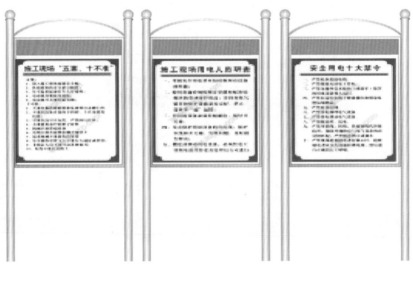

2. 安全宣传墙

（六）生活区标志牌

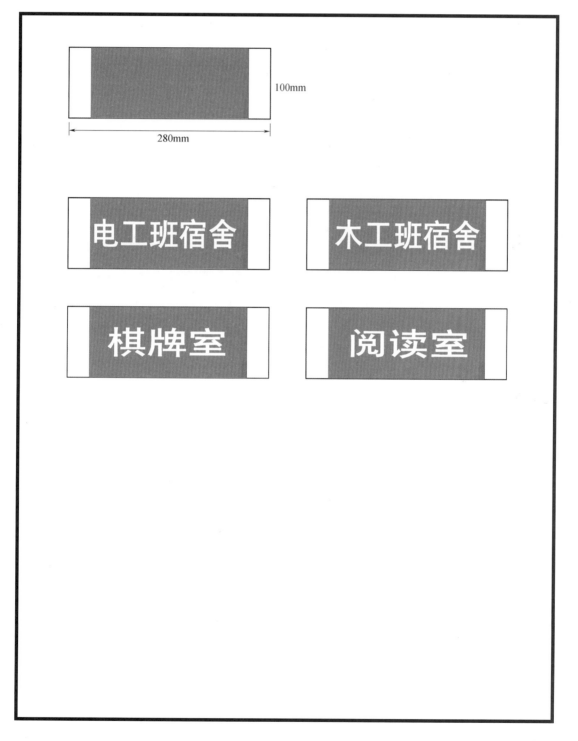

（七）施工区标志牌

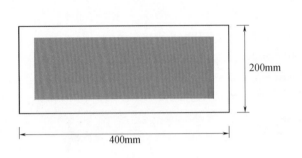

200mm

400mm

钢筋加工场

木工加工场

1. 安全提示牌

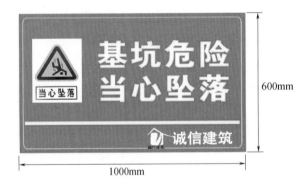

基坑危险
当心坠落

当心坠落

诚信建筑

600mm

1000mm

设置地点：悬挂于施工现场移动式
操作平台、楼层临边、
作业维修操作区、高处
作业、洞品防护栏杆的
首层横杆上等处

材料：1. 金属板材或型材制作。
2. 文字、图形采用喷绘或
反光膜制作

2. 安全操作规程牌

800mm

600mm

3. 材料标志牌

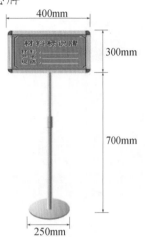

设置地点：摆放或悬挂于施工现场
管件、半成品、材料堆
放区或摆放区

4. 材料和半成品标志牌

构造材料标志			
材料名称		进场日期	
材料规格		数　量	
厂　　牌			
检验状态		检验报告	
检验负责		保管负责	

半成品材料标志			
名称编号		加大依据	
材料规格		加工大样	
数　量		使用部位	
检验状态		加工负责	
检验负责		保管负责	

5. 设备管理标志牌

机电设备管理标志

名称编号		设备能力	
规程型号		操 作 人	
厂　　牌		安检负责	
出厂日期		检修负责	
机 械 员		安 全 员	

400mm

60mm

起重机械管理标志

名称编号		设备能力	
规程型号		检验合格 日　期	
机 械 员		安 全 员	
安拆、检修 单位		检修负责	
安拆人员 证　书		特种作业 人员证书 复印件	
检修人员 证　书		特种作业 人员证书 复印件	
司机、信 号员证书		特种作业 人员证书 复印件	
备案证 复印件		使用登记证	

800mm

600mm

（八）办公室标志牌

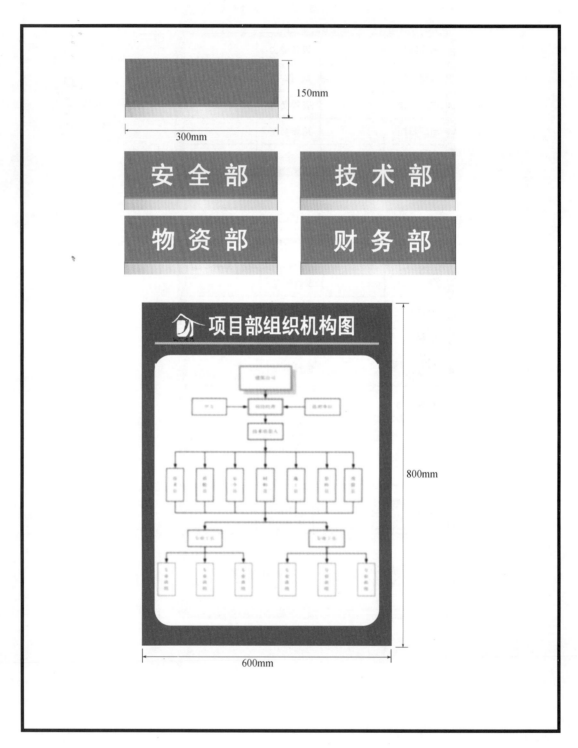

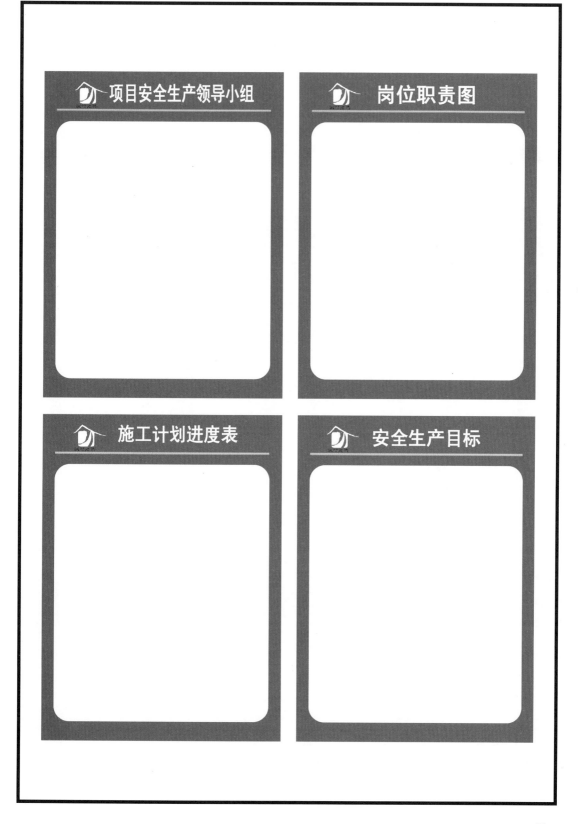

项目安全生产领导小组

岗位职责图

施工计划进度表

安全生产目标

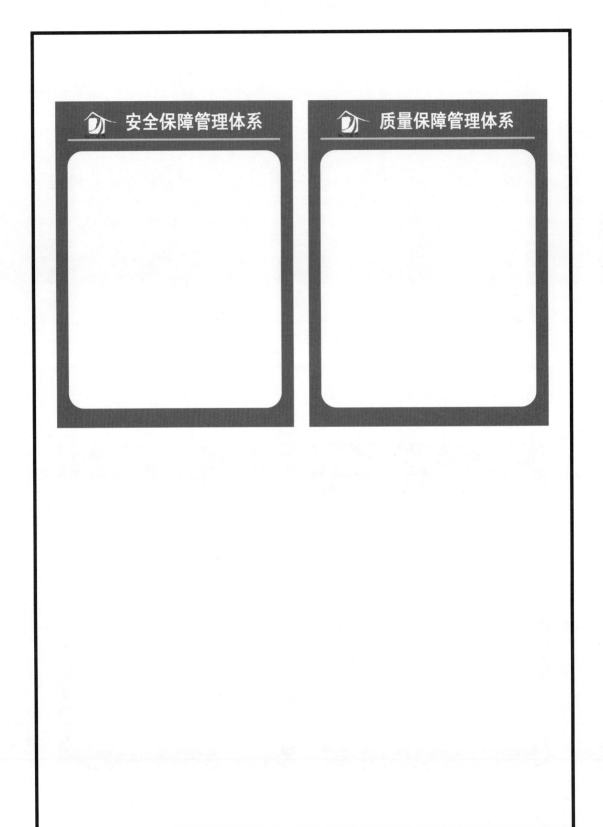

安全保障管理体系

质量保障管理体系

32

（九）安全标语范例

二、安全色标设置范例

（一）禁止类标志

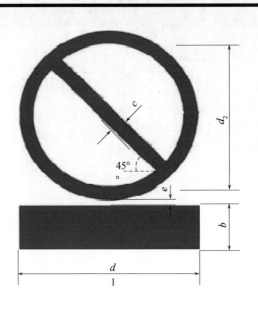

禁止标志的基本尺寸宜根据最大设置观察点的距离确定，并宜符合下表的规定。

观察距离（m） 标志尺寸（mm）	10	15	20
外径及文职辅助标志宽 d_1	250	375	500
内径 d_2	200	300	400
文字辅助标志 b	75	115	150
斜杠宽度 c	20	30	40
间隙宽度 e	5	10	10

图形符号	设置范围	设置地点范例
禁止通行	封闭施工区域和有潜在危险的区域	临时封闭施工的通行道路及便道、井架吊篮下等
禁止停留	存在对人体有危害因素的作业场所	变配电所、有飞溅物的机械加工处
禁止跨越	施工沟槽等禁止跨越的场所	施工沟槽、坑、提升卷扬机地面钢丝绳旁等地点
禁止跳下	脚手架等禁止跳下的场所	施工沟槽、脚手架、高处平台等场所
禁止入内	禁止非工作人员入内和易造成事故或对人员产生伤害的场所	基坑、泥浆池、水上平台、挖孔桩施工现场、路基边坡开挖现场、爆破现场、配电房、炸药库、油库、施工现场入口等
禁止吊物下通行	有吊物或吊装操作的场所	井架吊篮下等
禁止攀登	禁止攀登的桩机、变压器等危险场所	有坍塌危险的建（构）筑物、龙门吊、桩基、支架、变压器等
禁止靠近	禁止靠近变压器等的危险区域	高压线、临时输变电设备附近等

图形符号	设置范围	设置地点范例
禁止乘人	禁止乘人的货物提升设备	物料提升机、货用垂直升降机等
禁止踩踏	禁止踩踏现浇混凝土等的区域	现浇筑混凝土地面、非承重板等
禁止吸烟	禁止吸烟的木工加工场等场所	木工棚、材料库房、易燃易爆场所等
禁止烟火	禁止烟火的油罐、木工加工场等场所	配电房、电气设备开关处、发电机、变压器、炸药库、油库、油罐、隧道口、木工加工场地
禁止放易燃物	禁止放易燃物的场所	明火、大型空压机、炸药库、油库、油罐、电焊、气焊等地点
禁止用水灭火	禁止用水灭火的发电机、配电房等场所	配电房、电气设备开关处、发电机、变压器、油库、图档资料室、计算机房
禁止启闭	禁止启闭的电器设备处	阀门电动开关等地点

图形符号	设置范围	设置地点范例
禁止合闸	禁止电气设备及移动电源开关处	检修、清理搅拌系统、龙门吊、桩机等机械设备
禁止转动	检修或专人操作的设备附近	检修或专人操作的设备
禁止触摸	禁止触摸的设备或物体附近	传动部位等
禁止戴手套	戴手套易造成手部伤害的作业地点	旋转的机械设备
禁止堆放	堆放物资影响安全的场所	消防器材存放处、消防通道、施工通道、基坑支撑杆上等
禁止碰撞	易有燃气积聚,设备碰撞发生火花易发生危险的场所	液化气罐瓶区等地点
禁止挂重物	挂重物易发生危险的场所	临时支撑、电线等
禁止挖掘	地下设施等禁止挖掘的区域	埋地管道、阀井等地点

（二）指令类标志

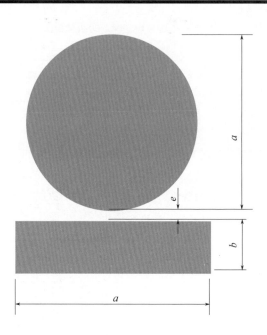

  指令标志的基本尺寸宜根据最大观察距离确定，并符合下表的规定。

观察距离（m） 标志尺寸（mm）	10	15	20
外径及文职辅助标志宽 d_1	250	375	500
内径 d_2	200	300	400
文字辅助标志 b	75	115	150
间隙宽度 e	5	10	10

图形符号	设置范围	设置地点范例
必须戴防毒面具	有毒挥发气体且通风不良的有限空间	下井作业等
必须戴防护面罩	有飞溅物质等对面部有伤害的场所	电焊、检修设备操作地点等
必须戴防护眼镜	噪声较大易对人体造成伤害	切割作业等
必须戴防护眼镜	有强光等对眼睛有伤害的地方	电焊、检修设备操作地点等
必须戴安全帽	施工现场	施工现场出入口、桩机施工现场、路基边坡开挖现场、爆破现场、张拉作业区、梁场入口、钢筋加工场地、拆除现场等
必须戴防护手套	具有腐蚀、灼烫、触电、刺伤等易伤害手部的场所	设备检修、电气道闸操作等
必须穿防护鞋	具有腐蚀、灼烫、触电、刺伤、砸伤等易伤害脚部的场所	设备检修、电气道闸操作等
必须系安全带	高处作业场所	下井检修操作及登高作业等
必须消除静电	有静电火花或导致灾害的场所	带气施工作业区及其他场所等
必须用防爆工具	会导致爆炸的场所	带气施工作业区及其他场所等

（三）警告类标志

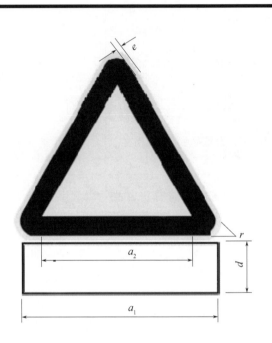

　　警告标志的基本尺寸宜根据最大设置观察点的距离确定，并宜符合下表的规定。

观察距离（m） 标志尺寸（mm）	10	15	20
三角形外边长及文字辅助标志长 a_1	340	510	680
三角形内边长 a_2	240	360	480
文字辅助标志 b	100	150	200
河边圆角半径 R	20	30	40
黄色衬边宽度 e	10	15	15

图形符号	设置范围	设置地点范例
注意安全	易造成人员伤害的场所	基坑、泥浆池、水上平台、桩基施工现场、路基边坡开挖现场、爆破现场、配电房、炸药库、油库、便桥、临时码头、拌合楼、龙门吊、桩机、支架、变压器、拆除工程现场、地锚、缆绳通过区域等
当心爆炸	易发生爆炸的危险场所	带气作业施工现场等地点
当心火灾	易发生火灾的危险场所	房屋外立面保温材料的施工处
当心触电	有可能发生触电危险的场所	输配电线路、龙门吊、配电房、电气设备开关处、发电机、变压器、桩机等
注意避雷	易发生雷电电击区域	有避雷装置的场所
当心电缆	电缆埋设处的施工区域	暴露的电缆或地面下有电缆处施工的地点
当心坠落	易发生坠落事故的作业场所	脚手架、高处平台等
当心碰头	易碰头的施工区域	易碰头的楼梯底部、建筑物的门等

图形符号	设置范围	设置地点范例
当心摔倒	地面高低不平、易绊倒的场所	地面有电缆、电线等高地不平易绊倒的场所
当心障碍物	地面有障碍物并易造成人伤害的场所	有障碍物并易造成人伤害的场所
当心跌落	建筑物边沿、基坑边沿等易跌落场所	建筑物边沿、基坑边沿、楼梯口、通道口等场所
当心滑倒	易滑倒的场所	光滑、有积水、下坡等地点
当心坑洞	有坑洞易造成伤害的作业场所	有坑洞易造成伤害的作业场所
当心塌方	有塌方的危险区域	易发生地质灾害的部位、边坡开挖等
当心冒顶	有冒顶危险的作业场所	地下通道施工处
当心吊物	有吊物作业的场所	起重机吊物
当心伤手	易造成手部伤的作业场所	钢筋加工

图形符号	设置范围	设置地点范例
当心机械伤人	易发生机械卷入、轧压、碾压、剪切等机械伤害的作业场所	桩机、架桥机、大型空压机、钢筋加工场地、模板加工场地
当心扎脚	易造成足部伤害的场所	模板施工处
当心落物	易发生落物危险的区域	边坡开挖、拆除现场、支架、高处作业场所
当心车辆	人、车混合行走的区域	施工现场与道路的交叉口
当心噪声	噪声较大易对人体造成伤害的场所	切割作业等地点
注意通风	通风不良的有限空间	阀井等处
当心飞溅	有飞溅物质的场所	电焊、检修设备操作地点等处
当心自动启动	配有自动启动装置的设备处	配有自动启动装置的设备处

（四）提示类标志

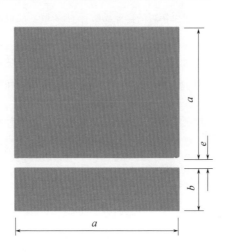

提示标志的基本尺寸宜根据最大设置观察点的距离确定，并宜符合下表的规定。

观察距离（m） 标志尺寸（mm）	10	15	20
正方形边长及文字辅助标志长 a	250	375	500
文字辅助标志宽 b	75	115	150
间隙宽度 e	5	10	10

图形符号	设置范围
动火区域	施工现场划定的可使用明火的场所
应急避难场所	容纳危险区域内疏散人员的场所
躲避处	躲避危险的场所
紧急出口	用于安全疏散的紧急出口处，与方向箭头结合设在通向紧急出口的通道处

提示标志指示目标的位置应加方向辅助标志，并应按实际需要指示方向。

辅助标志应放在图形标志的相应方向。

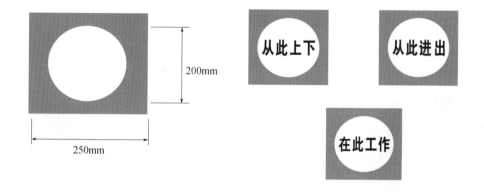

（五）道路指示标志

导向标志

导向标志可分为指向标志、禁令标志和交通警告标志。

指示标志	尺　寸
圆形标志外径（mm）	600
正方形标志边长（mm）	600
单行线标志边长（mm）	600×300

指示标志——圆形　　　　指示标志——长方形　　　　指示标志——正方形

600mm　　　　600mm　　　　300mm　　　　600mm

序号	图形符号	名称	设置范围和地点
指示标志	↑	直行	道路边
	↱	向右转弯	道路交叉口前
	↰	向左转弯	道路交叉口前
	↙	靠左侧道路行驶	需靠左行驶前
	↘	靠右侧道路行驶	需靠右行驶前

序号	图形符号	名称	设置范围和地点
指示标志	➡	单行路（按箭头方向向左或向右）	道路交叉口前
	⬆	单行路（直行）	允许单行路前
	🚶	人行横道	人穿过道路前
	P	停车位	停车场前

（六）交通禁令标志

1. 禁令标志

禁令标志颜色可为白底、蓝底或红底，对应黑图案、红图案或白图案、形状可为倒三角形和圆形。

禁令标志	尺寸
圆形标志外径（mm）	600
三角形标志边长（mm）	700

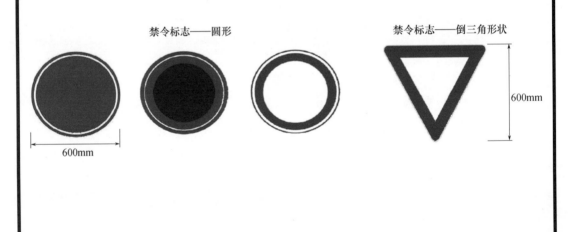

禁令标志——圆形　　　　　　　　　　禁令标志——倒三角形状

序号	图形符号	名称	设置范围
禁令标志		减速让行	道路交叉口前
		禁止驶入	禁止驶入路段入口处前
		禁止停车	施工现场禁止停车区域
		禁止鸣喇叭	施工现场禁止鸣喇叭区域
		限制速度	施工现场出入口等需限速处
		限制宽度	道路宽度受限处
		限制高度	道路、门框等高度受限处
		限制质量	道路、便桥等限制质量地点前
		停车检查	施工车辆出入口出

2. 交通警告标志

交通警告标志颜色可为黄底、白图案，形状宜为三角形。

700mm

交通警告标志	尺寸
三角形边长（mm）	700

序号	图形符号	名称	设置范围和地点
交通警告 标志		慢行	施工现场出入口、转弯等
		向左急转弯	施工区域急向左转弯处
		向右急转弯	施工区域急向右转弯处
		上陡坡	施工区域陡坡处、基坑施工处
		下陡坡	施工区域陡坡处、基坑施工处
		注意行人	施工区域与生活区域交叉处

（七）电力安全标志

标志	设置地点
禁止攀登 高压危险	**设置地点：** 悬挂在高压配电装置构架的爬梯上，变压器、电抗器等设备的爬梯上。
止步 高压危险	
小心有电	**设置地点：** 悬挂在带电设备的遮栏上； 工作地点的围栏上； 禁止通行的过道上； 高压试验地点； 高压带电设备的构架上。
有电危险	

标志	设置地点
禁止合闸 有人工作	**设置地点：** 悬挂在一经合闸即可送电到施工设备的断路器（开关）和隔离开关（刀闸）操作把手上。
禁止合闸 线路有人工作	**设置地点：** 悬挂在路断路器（开关）和隔离开关（刀闸）操作把手上。
在此工作	**设置地点：** 悬挂在工作地点或检修设备上。
从此上下	**设置地点：** 悬挂在作业人员可以上下的铁架、爬梯上。

1. 部分标牌国标尺寸

（1）禁止合闸，有人工作！【经合闸即可送电到施工设备的断路器（开关）和隔离开关（刀闸）操作把手上】

尺寸：200×160 和 80×65。颜色：白底，红色圆形斜杠，黑色禁止标志符号。黑字。

（2）禁止合闸，线路有人工作！【线路断路器（开关）和隔离开关（刀关）把手上】

尺寸：200×160 和 80×65。颜色：白底，红色圆形斜杠，黑色禁止符号。黑字。

（3）禁止分闸【接地刀闸与检修设备之间的断路器（开关）操作把手上】

尺寸：200×160和80×65。颜色：白底，红色圆形斜杠，黑色禁止标志符号，黑字。

（4）在此工作！【工作地点或检修设备上】

尺寸：250×250和80×80。颜色：衬底为绿色，中有直径200mm和65mm白圆圈，黑字，写于白圆圈中。

（5）止步，高压危险！【施工地点临近带点设备的遮拦上；室外工作地点的围栏上；禁止通行的过道上；高压试验地点；室外钩架上；工作地点临近带电设备的横梁上。】

尺寸：300×240和200×160。颜色：白底，黑色正三角形及标志符号，衬底为黄色黑字。

（6）从此上下！【工作人员可以上下的铁道、爬梯上。】

尺寸：250×250，衬底为绿色，中有直径200mm白圆圈。黑字，写于白圆圈中。

（7）禁止攀登，高压危险！【高压配电装置构架的爬梯上，变压器、电抗器等设备的爬梯上】

尺寸：500×400和200×160。颜色：白底，红字。

（八）消防安全标志

几何形状	安全色	安全色的对比色	图形符号色	含义
正方形	红色	白色	白色	提示消防设施（如火灾报警装置和灭火设备）
正方形	绿色	白色	白色	提示安全状况（如紧急疏散逃生）
带斜杠的圆形	红色	白色	黑色	表示禁止
等边三角形	黄色	黑色	黑色	表示警告

消防安全标志常用的型号和公称尺寸

型号	公称尺寸（mm）		
	正方形标志的边长 a	圆形标志的外径 d	三角形标志的内边长 b
1	63	70	75
2	100	110	120
3	160	175	190
4	250	280	300
5	400	440	480
6	630	700	750
7	1000	1100	1200

1. 火灾报警装置标志

消防按钮　　　　　发声警报器　　　　　火警电话　　　　　消防电话

2. 灭火设备标志

灭火设备　　　　手提式灭火器　　　　推车式灭火器　　　　消防炮

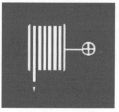   

消防软管卷盘　　　　地下消火栓　　　　消防水泵接合器　　　　地上消火栓

3. 紧急疏散逃生标志

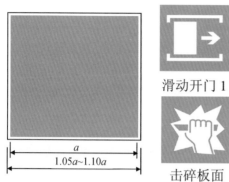

滑动开门1　　滑动开门2　　　推开　　　　拉开

击碎板面　　　逃生梯

4. 禁止标志

禁止锁闭

5. 警告标志

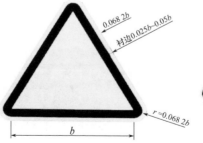

当生氧化物

（九）标线

1. 标线可由黄黑、红黄、红白相间斜线组成，也可由红白相间的直线组成，或由黄色直线组成。

标线的线段宽度可根据现场需要确定，但不应少于15mm。

2. 当标线为警示带时，可均匀印有安全标志和警示语，警示标线带可张拉固定或粘贴固定。

3. 当标线附在其他设施或地面时，宜采用涂料标出，涂料应有良好的耐磨性能，宜具有反射性能。

建筑工程施工现场标线的图形、名称、设置范围和地点应符合下表的规定。

序号	图形	名称	设置地点和范围
1		禁止跨越标线	危险区域的地面
2	////////////	警告标线（斜线倾角为45°）	易发生危险或可能存在危险的区域，设在固定设施或建（构）筑物上
3	////////////	警告标线（斜线倾角为45°）	
4	////////////	警告标线（斜线倾角为45°）	
5	||||||||||||	警告标线	易发生危险或可能存在危险的区域，设在移动设施上
6	高压危险	警示带	危险区域

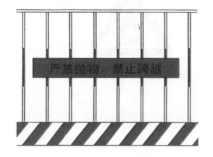

第二章　管理制度标志牌

一、工地入口处标志牌

（一）安全生产管理制度牌

安全生产管理制度

1. 贯彻执行国家和地方有关安全生产的法律、法规各项安全管理规章制度。

2. 建立健全各级生产管理人员及一线工人的安全生产责任制。

3. 各项目工程的安全措施必须齐全、到位。安全技术资料必须齐全，无安全措施不准施工，未经验收的安全设施一律不准使用。

4. 坚持特殊工种持证上岗，对特殊工种按规定进行体检、培训、考核，签发作业合格证；未经培训的作业人员一律不准上岗作业。

5. 定期对职工进行安全教育，新工人入场后要进行"三级"安全教育。新进场工人、调换工种工人，未经安全教育考试，不准进场作业。

6. 发生工伤事故及时上报，严肃处理未遂事故的责任者。

7. 安全网、安全带、安全帽必须有材质证明，使用半年以上的安全网、安全带必须检验后方可使用。

8. 机械设备安全装置齐全有效，手持式电动工具必须全部安装漏电保护器。

9. 施工用电符合安全操作规程。

10. 任何机械设备不准带病作业。

11. 对采取新工艺、特殊结构的工程，都必须先进行操作方法和安全教育，才能上岗操作。

12. 在安全教育基础上，每半年组织全体职工安全知识考试一次。

13. 坚持各级领导、生产技术负责人安全值班制度，每班必须有安全值班员。

（二）环境保护管理制度牌

环境保护管理制度

1. 坚决执行和贯彻国家及地方有关环境保护的法律、法规，杜绝环境污染和扰民。

2. 施工组织设计必须考虑环境保护措施，并在施工作业中组织实施。

3. 定期进行环保宣传教育活动，不断提高职工的环保意识和法制观念。

4. 清理施工垃圾，必须搭设封闭式临时专用垃圾道或采用容器吊运，严禁随意凌空抛散。施工垃圾应及时清运，适量洒水，减少扬尘。

5. 施工现场的主要道路进行硬化处理，裸露的场地和集中堆放的土方采取覆盖、固化或绿化等措施。

6. 施工现场土方作业应采取防止扬尘措施。

7. 从事土方、渣土和施工垃圾运输应采用密闭式运输车辆或采取覆盖措施；施工现场出入口处应采取保证车辆清洁的措施。

8. 施工现场的材料和大模板等存放场地必须平整坚实。水泥和其他易飞扬的细颗粒建筑材料应密闭存放或采取覆盖等措施。

9. 施工现场混凝土搅拌场所应采取封闭、降尘措施。

10. 施工现场设置密闭式垃圾站，施工垃圾、生活垃圾分类存放，并及时清运出场。

11. 施工现场的机械设备、车辆的尾气排放符合国家环保排放标准的要求。

12. 施工现场严禁焚烧各类废弃物。

13. 施工现场设置排水沟及沉淀池，施工污水经沉淀后方可排入市政污水管网或河流。

14. 施工现场存放的油料和化学溶剂等物品应设有专门的库房，地面做防渗漏处理。废弃的油料和化学溶剂集中处理，不得随意倾倒。

15. 食堂设置隔油池，并及时清理。

16. 厕所的化粪池应做抗渗处理。

17. 食堂、盥洗室、淋浴间的下水管线设置过滤网，并与市政污水管线连接，保证排水通畅。

18. 施工现场应按照现行国家标准《建筑施工场界噪声限值》（GB 12523）和《建筑施工场界噪声测量方法》（GB 12524）制定降噪措施。

（三）文明施工管理制度牌

文明施工管理制度

1. 施工现场实行胸牌制度，现场的所有人员都必须佩戴胸牌。

2. 施工现场道路及施工场地做硬化处理，硬化处理后的道路、场地应平整、无积水。

3. 施工区域内，各类物品按施工平面布置要求分区整齐堆放，并按 ISO 9002 标准挂牌标志。

4. 现场搅拌机四周、材料场地周围及运输道路面上无废弃砂浆和混凝土，施工过程和运输过程中散落砂浆和混凝土，应及时清理使用，做到工完场清，并明确责任人。

5. 机械维修保养符合机械管理规定，挂牌标志整齐划一。

6. 施工过程必须坚决落实工完脚下清的责任制，每天的垃圾由操作工人或安排专人清理，并运往指定垃圾站堆放，按期送往消纳场，保证现场整洁、文明。

7. 施工区与生活区要严格分开，办公室、宿舍要做到整洁、卫生。

8. 现场大门内外及施工区、生活区划分有卫生责任区，并明确责任人，根据工程大小，安排专门人员负责现场的卫生及维护，使整个现场保持整洁卫生。

9. 运输车辆不准带泥出现场，并做到沿途不遗洒运输物。

10. 生活区保持卫生，无污物和污水，生活垃圾集中堆放，及时清理。

11. 工地食堂严格执行食品卫生法和食品卫生有关管理规定，并建立卫生值日及管理制度。

12. 工地消防设施及相关标志牌按有关规定配备齐全，符合要求，施工现场严禁吸烟。

13. 每周对文明施工情况检查一次，与经济奖罚挂钩。

（四）卫生防疫管理制度牌

卫生防疫管理制度

1. 施工现场临时设施所用建筑材料应符合环保、消防要求。

2. 办公区和生活区应设密闭式垃圾容器。

3. 施工现场应配备常用药及绷带、止血带、颈托、担架等急救器材。

4. 施工现场宿舍必须设置可开启式窗户，宿舍内的床铺不得超过两层，严禁使用通铺。

5. 宿舍内的设置应符合国家有关规范的规定。

6. 食堂应设置在远离厕所、垃圾站、有毒有害场所等污染源的地方。

7. 食堂必须有卫生许可证，炊事人员必须持身体健康证上岗。炊事人员上岗应穿戴洁净的工作服、工作帽和口罩。不得穿工作服出食堂，非炊事人员不得随意进入制作间。

8. 食堂的炊具、餐具和公用饮水器具必须清洗消毒。

9. 施工现场应加强食品、原料的进货管理，食堂严禁出售变质食品。

10. 食堂的设计、配备以及原料贮存必须符合国家卫生标准。

11. 施工现场应设置水冲式或移动式厕所，并有专人保洁。

12. 淋浴间内应设置满足需要的淋浴喷头，可设置储衣柜或挂衣架。盥洗设施应设置满足作业人员使用的盥洗池。

13. 生活区应设置开水炉、电热水器或饮用水保温桶；施工区应配备流动保温水桶。

14. 施工现场应设专职或兼职保洁员，负责卫生清扫和保洁。

15. 办公区和生活区应定期投放和喷洒药物。

16. 施工现场作业人员发生法定传染病、食物中毒或急性职业中毒时，必须在 2 小时内向施工现场所在地建设行政主管部门和有关部门报告，并应积极配合调查处理。

17. 现场施工人员患有法定传染病时，应及时进行隔离，并由卫生防疫部门进行处置。

（五）消防保卫管理制度牌

消防保卫管理制度

1. 建立消防保卫领导小组和义务消防队。

2. 现场消防道路畅通，标志明显，器材设备符合规定。严禁吸烟，不准随便动用消防器材，违者按消防条例处罚。

3. 易燃易爆物品单独存放，严格执行领退料手续。

4. 特殊工程持证上岗，明火作业要有用火证，专人看火并配灭火器。

5. 施工组织设计要有消防、保卫措施方案及设施平面布置图，并按照有关规定报公安监督机关审批或备案。应制定治安保卫和消防工作预案。

6. 施工现场要建立门卫和巡逻护场制度，护场守卫人员要佩戴执勤标志。实行凭证件出入的制度。

7. 更衣室、财会室及职工宿舍等易发案部位要指定专人管理，制定防范措施，防止发生盗窃案件。

8. 严禁赌博、酗酒、传播淫秽物品和打架斗殴。

9. 工程的关键部位和关键工序，要制定保卫措施。

10. 电工、焊工从事电气设备安装和电、气焊切割作业，要有操作证和用火证，并配备看火人员和灭火用具。

11. 使用电气设备和易燃易爆物品，必须指定防火负责人，配备灭火器材。

12. 因施工需要搭设临时建筑，应符合防盗、防火要求，不得使用易燃材料。

13. 在施工程要坚持防火安全交底制度。

14. 施工材料的存放、保管，应符合防火安全要求，库房应用非燃材料支搭。易燃易爆物品，应专库储存，分类单独存放，保持通风，用电符合防火规定。不准在工程内、库房内调配油漆、稀料。

（六）安全管理目标牌

安全管理目标

1. 月工伤率控制在　　％以下
2. 各项安全技术措施达标××分以上
3. 杜绝死亡事故
4. 无火灾事故，无重大机械事故

安全生产无事故第　　天

（七）门卫管理制度牌

门卫管理制度

1. 门卫人员必须加强工作责任心，严格各项制度的落实。

2. 外来人员未经许可，不得进入施工现场。

3. 外来人员未经同意，不得留宿工地，外出职工不得迟于23时归队。

4. 未经许可，任何人不得将公物及材料携出工地大门。

5. 负责做好门卫区域的环卫工作。

6. 认真做好信件、报刊的收发工作。

7. 门卫值班人员必须严格执行出入现场的会客登记制度，认真履行登记手续，对所有进出现场的车辆进行必要的检查和登记。

8. 门卫值班人员不得擅自离岗，亦不得随便让他人代岗。严禁酒后值班。

9. 门卫值班人员必须认真填写值班记录，做好交接班的有关事宜。

二、会议室标志牌

（一）施工现场组织机构图

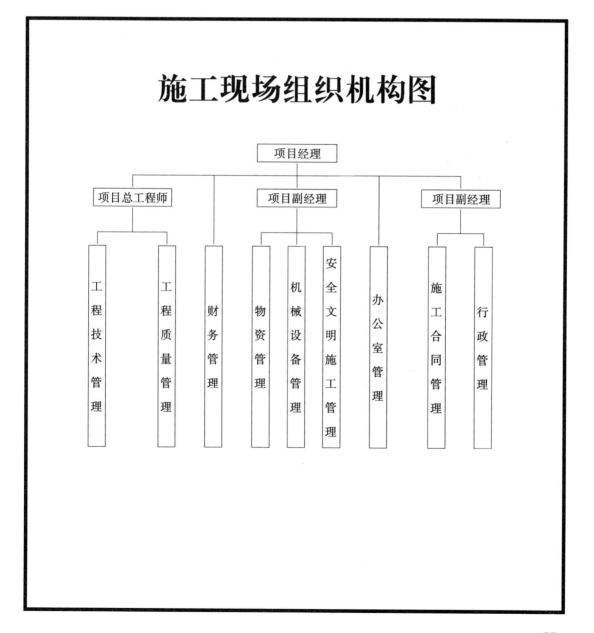

施工现场组织机构图

项目经理

项目总工程师　项目副经理　项目副经理

工程技术管理　工程质量管理　财务管理　物资管理　机械设备管理　安全文明施工管理　办公室管理　施工合同管理　行政管理

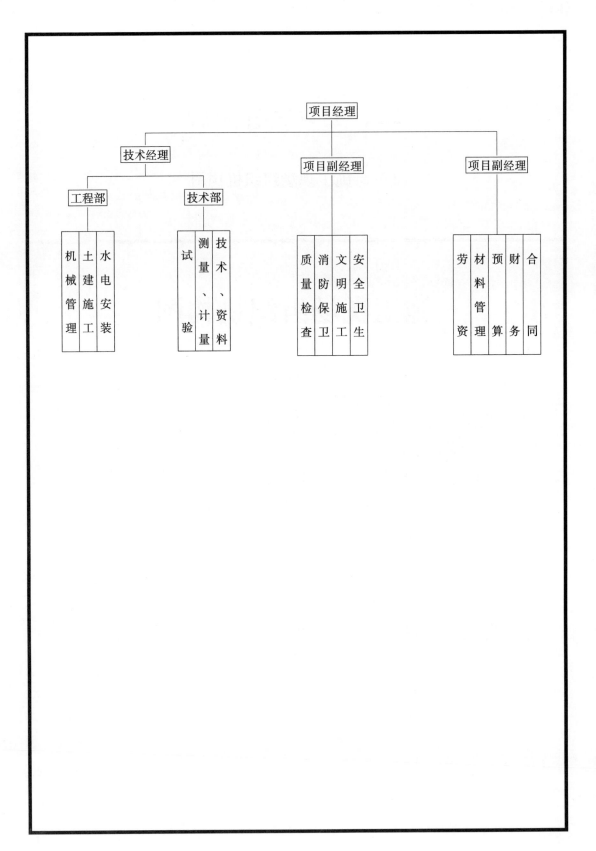

（二）应急预案分工图

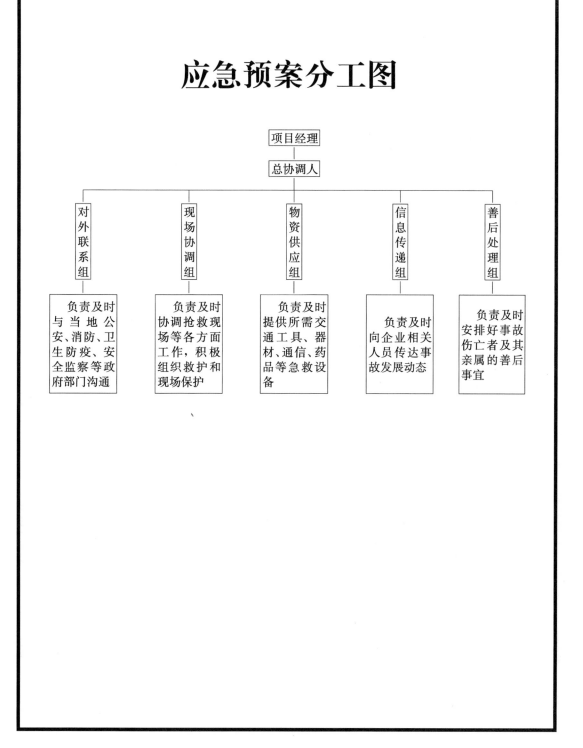

应急预案分工图

项目经理
总协调人

对外联系组	现场协调组	物资供应组	信息传递组	善后处理组
负责及时与当地公安、消防、卫生防疫、安全监察等政府部门沟通	负责及时协调抢救现场等各方面工作，积极组织救护和现场保护	负责及时提供所需交通工具、器材、通信、药品等急救设备	负责及时向企业相关人员传达事故发展动态	负责及时安排好事故伤亡者及其亲属的善后事宜

（三）施工现场安全管理网络图

1. 施工现场安全防护管理网络图

施工现场安全防护管理网络

```
                          项目经理
                             |
                        项目安全负责人
  ┌────┬────┬────┬────┬────┬────┬────┬────┬────┬────┬────┐
安全   安全   安全   土方   脚手架  模板   钢筋   混凝土  施工   电气   高处
教育   技术   防护   工程   工程   工程   工程   工程   机械   设备   作业
培训   措施   用品   安全   安全   安全   安全   安全   安全   安全   安全
      交底         防护   防护   防护   防护   防护   防护   防护   防护
```

2. 施工现场临时用电管理网络图

施工现场临时用电管理网络

```
                    ┌──────────┐
                    │ 项目经理  │
                    └────┬─────┘
                 ┌───────┴────────┐
                 │ 项目安全负责人 │
                 └───────┬────────┘
                 ┌───────┴────────┐
                 │ 临时用电负责人 │
                 └───────┬────────┘
```

| 安全教育培训 | 安全技术措施交底 | 外电防护 | 接地与防雷 | 配电室 | | 配电线路 | 电动机械 | 照明管理 | 现场维护 | 检查考核 |

3. 施工现场机械安全管理网络图

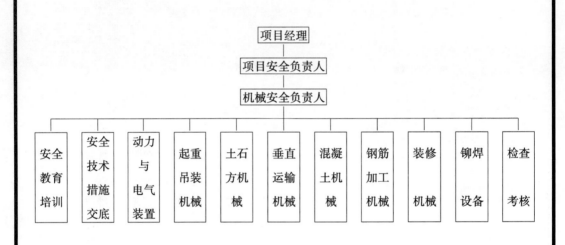

4. 施工现场消防保卫管理网络图

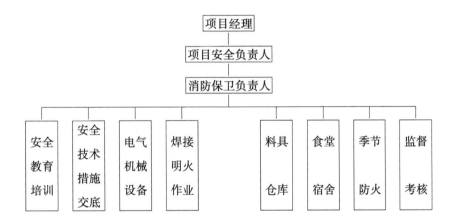

施工现场消防保卫管理网络

项目经理

项目安全负责人

消防保卫负责人

| 安全教育培训 | 安全技术措施交底 | 电气机械设备 | 焊接明火作业 | 料具仓库 | 食堂宿舍 | 季节防火 | 监督考核 |

5. 施工现场环境保护管理网络图

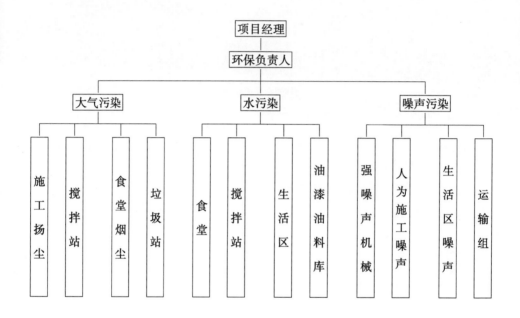

施工现场环境保护管理网络

项目经理

环保负责人

大气污染 | 水污染 | 噪声污染

大气污染:
- 施工扬尘
- 搅拌站
- 食堂烟尘
- 垃圾站

水污染:
- 食堂
- 搅拌站
- 生活区
- 油漆油料库

噪声污染:
- 强噪声机械
- 人为施工噪声
- 生活区噪声
- 运输组

6. 施工现场责任表

施工现场责任表

```
        ┌─────────────┐
        │ 项目经理：×× │
        └──────┬──────┘
               │
        ┌──────┴──────┐
        │ 安全防护：×× │
        ├─────────────┤
        │ 施工用电：×× │
        ├─────────────┤
        │ 质量管理：×× │
        ├─────────────┤
        │ 机械安全：×× │
        ├─────────────┤
        │ 消防保卫：×× │
        ├─────────────┤
        │ 技术管理：×× │
        ├─────────────┤
        │ 料具管理：×× │
        ├─────────────┤
        │ 环保管理：×× │
        ├─────────────┤
        │ 行政管理：×× │
        ├─────────────┤
        │ 成本管理：×× │
        └─────────────┘
```

三、办公区岗位职责标志牌

（一）党支部办公室标志牌

党支部工作职责牌

党支部工作职责

1. 全面贯彻执行党的路线、方针、政策和上级党组织的指示。

2. 组织抓好职工政治理论学习和思想品德、职业道德教育。

3. 按党管干部的原则，做好干部的培养、考察和推荐任用工作。

4. 参与重大问题的决策，包括：项目管理规划和目标；生产经营计划和施工组织方案；财务预决算和资金使用；工程拨款和物资采购供应方案；工程任务分包和协作队伍选择；项目部内部机构调整和人员使用、奖惩；重要改革措施、规章制度的制定和修订；工资奖金分配方案等涉及职工切身利益的重要问题。

5. 支持行政工作，结合经营生产和改革实际，做好思想政治工作。

6. 围绕经营生产，加强思想政治工作，开展党风活动，带领党员、干部员工完成各项任务。

7. 按照规定程序抓好建党积极分子的培养，做好党员发展工作。

8. 加强对工会、共青团工作的领导，支持他们依照各自《章程》开展工作。

（二）团委办公室标志牌

1. 团委工作职责牌

团委工作职责

1. 接受党支部和上级团组织的领导。

2. 贯彻执行团（委）支部大会决议、党组织和上级团组织的决定精神。

3. 率领广大青年职工进行经常性的思想政治工作和生产活动。

4. 代表和维护青年利益。

5. 积极参与项目管理和施工生产，围绕项目管理和施工生产，结合实际开展团内主题活动。

2. 团委的安全生产职责牌

团委的安全生产职责

1. 配合党政部门抓好团员、青年的安全教育，动员团员青年在安全生产中起模范带头作用。

2. 开展安全技术培训、安全知识竞赛等活动，激励青年职工学习安全操作规程和技能，掌握安全管理方法，增强安全意识。

3. 建立青年志愿者安全监督网络，组织青年志愿者安全监督员讨论、分析生产中存在的事故隐患，并提出整改措施。

4. 总结推广有利于安全生产的成果和先进操作技术，促进青工队伍安全技术素质的提高。

（三）项目经理室标志牌

1. 项目经理岗位职责牌

项目经理岗位职责

1. 认真贯彻执行国家、地方政府和上级的有关方针政策以及本企业的各项规章制度。

2. 主持项目的总体管理。

3. 主持项目内各单位工程或专业项目对内、外发包，组织和管理进入施工现场的人、财、物等生产要素，协调好与建设单位、设计单位、地方主管部门、总包和分包单位等各方面的关系。

4. 组织制定项目各项规章制度，接受有关部门的监督、检查。

5. 负责组织健全劳动力、原材料定额、机械设备定额、能源定额、资金定额等五大定额的管理。

6. 负责组织和健全项目部的全面质量管理保证体系。

7. 负责健全安全生产保证体系。

8. 负责组织、健全环境保证体系。

9. 健全和完善用工管理制度。

10. 主持总经理办公会议，确定人事调动、任免、奖励、处罚以及项目规章制度的颁发。

11. 推广先进的管理方法与先进的施工技术，确定研究课题并主持课题研究活动。

12. 审核、批准各项经济合同。

13. 审核、确定各材料供应商。

14. 督促、检查、指导、协调各副职的工作。

15. 审核、批准各项办公、接待费用标准。

16. 负责组织健全项目部的生产指挥、经营管理系统。

2. 项目经理安全生产职责牌

项目经理安全生产职责

1. 对承包项目工程生产经营过程中的安全生产负全面领导责任。

2. 贯彻落实安全生产方针、政策、法规和各项规章制度，结合项目工程特点及施工全过程的情况，制定本项目工程各项安全生产管理办法，或提出要求，并监督其实施。

3. 在组织项目工程业务承包，聘用业务人员时，必须本着安全工作只能加强的原则，根据工程特点确定安全工作的管理体制和人员，并明确各业务承包人的安全责任和考核指标，支持、指导安全管理人员的工作。

4. 健全和完善用工管理手续，录用外包队必须及时向有关部门申报，严格用工制度与管理，适时组织上岗安全教育，要对外包工队的健康与安全负责，加强劳动保护工作。

5. 组织落实施工组织设计中的安全技术措施，组织并监督项目工程施工中的安全技术交底制度和设备、设施验收制度的实施。

6. 领导、组织施工现场定期的安全生产检查，发现施工生产中不安全问题，组织制定措施，及时解决。对上级提出的安全生产与管理方面的问题，要定时、定人、定措施予以解决。

7. 发生事故，要做好现场保护与抢救工人的工作，及时上报，组织配合事故的调查，认真落实制定的防范措施，吸取事故教训。

3. 项目经理质量职责牌

项目经理质量职责

1. 对本项目施工的工程项目的质量管理工作全面负责。

2. 贯彻执行国家有关质量方针政策和上级质量管理规章制度，负责贯彻落实企业制定的工程质量责任制，负责对项目全体员工进行质量意识的教育。

3. 确定在施工程的质量方针目标，定期组织质量大检查，掌握工程质量状况。

4. 负责健全质量保证体系，制定质量奖惩办法，定期召开质量工作会议，制定创优工程质量保证措施和奖励措施，组织落实各级创优工程考核。

5. 推行项目全面质量管理，建立全面质量管理机构。

4. 项目经理消防职责牌

项目经理消防职责

1. 对项目工程生产经营过程中的消防工作负全面领导责任。

2. 贯彻落实消防保卫方针、政策、法规和各项规章制度，结合项目工程特点及施工全过程的情况，制定本项目各消防保卫管理办法或提出要求，并监督实施。

3. 根据工程特点确定消防工作的管理体制和人员，并明确各业务承包人的消防保卫责任和考核指标，支持、指导消防人员的工作。

4. 组织落实施工组织设计中消防措施，组织并监督项目施工中消防技术交底制度和设备、设施验收制度的实施。

5. 领导、组织施工现场定期的消防检查，发现消防工作中的问题，制定措施，及时解决。对上级提出的消防与管理方面的问题，要定时、定人、定措施予以整改。

6. 发生事故，要做好现场保护与抢救工作，及时上报，组织、配合事故的调查，认真落实制定的整改措施，吸取事故教训。

7. 对外包队伍加强消防安全管理，并对其进行评定。

8. 参加消防检查，对施工中存在的不安全因素，从技术方面提出整改意见和方法予以消除。

9. 参加、配合火灾及重大未遂事故的调查，从技术上分析事故原因，提出防范措施、意见。

5. 项目经理环境保护职责牌

项目经理环境保护职责

　　1. 贯彻执行国家和地方有关施工现场环境保护规定，对施工现场环境保护负直接领导责任。指导项目部管理人员、班组成员开展施工现场环境保护。

　　2. 定期组织对项目全体人员的环境保护知识的宣传教育。

　　3. 建立健全环境保护自我保障体系，落实各级人员岗位责任制和环境保护管理制度。

　　4. 对现场环境保护管理实行定期和不定期检查。

　　5. 自觉接受上级有关职能部门的监督检查，发现问题及时妥善处理。

6. 项目经理卫生防疫职责牌

项目经理卫生防疫职责

1. 贯彻执行国家及地方有关建筑项目施工现场环境卫生法规，对施工现场环境卫生管理负直接领导责任。

2. 定期组织对现场管理、作业人员进行环境卫生知识宣传教育，对施工人员的身体健康负责。

3. 组织建立健全环境卫生管理体系，明确各级人员岗位责任制。

4. 监督各级管理人员岗位责任制落实情况，定期对项目工程施工现场的环境卫生进行检查。

5. 拟定现场卫生防疫管理预案，监督执行现场疫情报告制度。

（四）行政办公室标志牌

1. 岗位职责牌

办公室主任职责

1. 按照项目经理的指示或要求，负责组织有关负责人对本项目生产建设、经营管理等方面工作进行调查研究，如实反映政策性、倾向性的问题，及时总结经验、提出建议、掌握动态、沟通信息。

2. 负责起草和审核本项目的各类工作报告、工作总结、各种请示报告、上报与下发的各种通知和其他文件，主持编印工作简报，协助项目经理制定、修改与贯彻本项目的规章制度。

3. 掌握行政印信和机要文件，负责组织管理文件的收发、打印、运转、催办、立卷归档等工作。

4. 负责项目经理主持召开的各种会议的会务工作，组织本项目各项重大活动的接待工作，协调安排项目经理出席参加的各种会议与活动，负责本项目生产经营情况的综合与行政指令的发布工作。

5. 负责检查、督促、协调各部门贯彻执行会议的决议和有关批示，协助经理处理一般性行政工作，完成项目经理直接交办的其他各项任务。

6. 做好对外联系和迎宾接待工作。

2. 工作人员岗位职责牌

行政办公室职责

1. 做好办公室主任交办的工作，协助办公室主任做好日常工作。

2. 负责文件、资料的登记、打印、发放、复印、装订。

3. 保管、登记和按规定发放办公文具与器材。

4. 按各部门的需求制定办公用品计划并报主任审批。

5. 接待与通报经理室客人。

6. 负责登记传真收发。

7. 负责登记接待来访客户。

8. 引见、招待、接送来宾。

9. 负责监督打卡和汇总考勤。

10. 负责请假及加班申报单的保管、汇总、制表。

11. 收发报刊函件及整理保管报纸。

（五）技术经理办公室标志牌

1. 技术经理岗位职责牌

技术经理岗位职责

1. 建立施工进度网络保证体系、技术管理保证体系和环境保护保证体系。

2. 全面负责工程的质量、技术及施工管理。

3. 组织贯彻执行有关技术标准、规范、规程，督促检查职能部门、分包单位的质量、技术、安全、试验、测量、计量、材料、机械设备、能源等的规范、标准的执行情况。

4. 主持本项目部施工组织设计、施工方案、工序程序文件的编制，坚持每道工序的程序管理。

5. 组织好施工工程的图纸会审，组织好新的推广及技术革新。

6. 负责项目部的工程质量管理工作。

7. 做好职工技术培训。

8. 落实安全生产方针、政策，严格执行安全技术规程。主持项目工程的单分项安全技术交底和开工前对项目工程技术人员、安全人员、分包负责人、施工人员进行技术、安全等方面交底及签字手续。

9. 组织编制施工组织设计，编制、审查施工方案，制定、检查安全技术措施。

10. 参与因工伤亡事故以及重大未遂事故的调查，对工伤（未遂）事故作技术分析，提出防范。

11. 指导工长对作业工人的安全技术交底及规章制度的学习。

12. 督促有关部门和分包单位做好技术档案资料的搜集。

13. 如实填写工作日报。

2. 技术经理安全生产职责牌

技术经理安全生产职责

1. 对项目工程的安全生产负技术责任。

2. 贯彻、落实安全生产方针、政策，严格执行安全技术规程、规范、标准。结合项目工程特点，主持项目工程的安全技术交底。

3. 参加或组织编制施工组织设计，编制、审查施工方案时，要制定、审查安全技术措施，保证其可行性与针对性，并随时检查、监督、落实。

4. 主持制定技术措施计划和季节性施工方案的同时，制定相应的安全技术措施并监督执行。及时解决执行中出现的问题。

5. 项目工程应用新材料、新技术、新工艺，要及时上报，经批准后方可实施，同时要组织上岗人员的安全技术培训、教育。认真执行相应的安全技术措施与安全操作工艺、要求，预防施工中因化学物品引起的火灾、中毒或其新工艺实施中可能造成的事故。

6. 主持安全防护设施和设备的验收。发现设备、设施的不正常情况应及时采取措施。严格控制不合标准要求的防护设备、设施投入使用。

7. 参加安全生产检查，对施工中存在的不安全因素，从技术方面提出整改意见和办法予以消除。

8. 参加、配合因工伤亡及重大未遂事故的调查，从技术上分析事故原因，提出防范措施、意见。

3. 技术经理质量职责牌

技术经理质量职责

1. 对本单位施工工程质量负直接责任，协助项目经理搞好本单位质量管理工作。认真贯彻执行国家有关质量方针政策、规范、规程、标准以及企业制定的质量、技术管理规章制度。

2. 负责本单位工程技术人员的质量管理与技术培训。

3. 负责制定本项目技术质量管理工作规章制度。组织编制施工组织设计、施工方案并负责实施。

4. 组织单位工程技术、质量交底，编制新工艺、新技术的质量保证措施。

5. 参加质量大检查，组织主要分部工程质量检验评定，单位工程质量检验评定、基础验收、结构验收、参加竣工验收；负责质量事故的技术处理。

6. 加强外包队伍质量管理、技术管理。

7. 组织工程技术人员和工人严格按国家规范、规程、标准，设计图纸及按施工组织设计施工。

8. 对本项目工程技术资料及时、齐全、正确负责。

9. 对新材料、新技术、新工艺在操作质量上负指导责任。

10. 负责一般质量问题的调查处理，并报公司批准。

11. 负责本项目的工程质量保修，办理回访签证。

（六）生产经理办公室标志牌

1. 生产经理岗位职责牌

生产经理岗位职责

1. 在项目经理领导下直接负责项目工程的质量、安全、消防保卫等方面的检查，代表项目经理行使安全生产、文明施工等管理权，定期主持召开项目检查工作会议。

2. 组织贯彻执行国家有关的技术标准、规范、规程，督促检查职能部门、分包单位的执行情况及文明施工管理。

3. 严格执行安全、技术、质量方面的法规、规程、标准和各项责任制，以及新工人入厂教育、特殊工种培训考核等管理制度。

4. 协调各职能部门在施工生产执法检查中与分包单位的关系，及时解决和处理施工生产中的重大问题，定期与不定期检查各分包单位的安全生产情况、环境保护、场容场貌和文明施工教育情况。

5. 督促项目部各职能部门和分包单位建立健全质量保证体系、安全生产保障体系、制度体系和各项责任制。

6. 组织各项安全活动。

7. 严肃处理各种事故，调查分析并提出处理意见。

8. 在项目经理的指导下，组织制定和完善各级、各部门的工作责任合同，修订施工生产管理制度和各项安全规定。

9. 参与施工组织设计审查和施工方案的讨论。

10. 完善项目法施工文明安全管理制度规定、安全生产责任制。

11. 主持编制项目文明施工措施、安全技术措施、质量管理措施，参与施工组织设计及工序程序的编制。

12. 真实填写工作日报。

2. 生产经理安全生产职责牌

生产经理安全生产职责

1. 对本工程安全生产工作负直接领导责任，协助项目经理认真贯彻执行安全生产方针、政策、法规，落实本企业各项安全生产管理制度。

2. 组织实施本企业中长期、年度、特殊时期安全工作规划、目标及实施计划，组织落实安全生产责任制。

3. 参与编制和审核施工组织设计、特殊复杂工程项目或专业性工程项目施工方案。审批本企业工程生产建设项目中的安全技术管理措施，制定施工生产中安全技术措施经费的使用计划。

4. 领导组织本企业的安全生产宣传教育工作，确定安全生产考核指标。领导、组织外包工队长的培训、考核与审查工作。

5. 领导组织本企业定期和不定期的安全生产检查，及时解决施工中的不安全生产问题。

6. 认真听取、采纳安全生产的合理化建议，保证本企业安全生产保障体系的正常运转。

7. 在事故调查组的指导下，组织特大、重大伤亡事故的调查、分析及处理中的具体工作。

3. 生产经理消防职责牌

生产经理消防职责

1. 协助本单位项目经理管理防火工作，具体落实对防火安全工作的布置和防火安全会议决定。防火安全工作负直接领导责任。

2. 领导支持消防安全工作。组织发动防火安全检查，对查出的火险隐患通知书应认真研究，落实整改，对无能力解决的隐患应向上级主管部门提出报告，在未解决前应采取防火安全措施。

3. 下达生产或工作任务的同时，应具体地布置防火安全注意事项，狠抓检查落实，发现违章及时纠正，并对违章人员进行教育或处理。

4. 经常进行防火安全教育，督促职工认真遵守国家消防法规和内部各项防火规定。对新职工、民工等在工作前要进行遵章守法教育，保证生产施工安全。

5. 对发生的火灾事故在向上级主管机关报告的同时，组织补救并查清原因，提出对事故责任者的处理意见，教育职工吸取教训，减少火灾事故的发生。

4. 生产经理质量职责牌

生产经理质量职责

1. 协助项目经理制定项目全面质量、管理的总方针、总目标。

2. 定期检查方针、目标的执行情况，确保总目标的实现。

3. 负责项目全面质量管理教育，帮助项目建立和指导 QC 小组活动和整理成果资料，表彰全面质量管理先进单位和有成效的优秀 QC 小组。对项目推行全面质量管理。

4. 协助技术经理抓好创优工程的全面质量管理，协同有关部门不断完善项目各项管理规章制度，监督落实项目的各项管理规章制度。

5. 组织工长、班组长进行工序自检和分项工程质量检验评定，对每道工序的质量负责。

6. 对本项目不合格工程质量负主要责任。对违章作业，拒不改正的人，有教育处理的责任。

7. 组织隐蔽工程验收，参加工程竣工预验、交工验收。

（七）总工程师办公室标志牌

1. 总工程师岗位职责牌

总工程师岗位职责

1. 全面主持工程项目的技术管理工作，正确贯彻政府颁布的技术方针、政策及规范。

2. 主持施工组织设计编制工作。

3. 组织技术交底工作。

4. 审核试验、测量设备购置、维修计划。

5. 负责"四新"的推广。

6. 主持竣工文件的编制工作。

7. 组织技术培训工作。

8. 贯彻国家的质量方针、政策、法规。

9. 制定质量管理计划，负责质量监控。

10. 负责贯标管理工作。

11. 安全生产。

12. 文明施工。

2. 总工程师安全职责牌

总工程师安全职责

1. 负责组织制定本项目安全技术规章制度。

2. 定期主持召开有关部门会议，研究解决安全技术问题。

3. 在采用新技术、新工艺时，同时研究和采取防护措施；设计、制造新的生产设备，要有符合国家标准要求的安全卫生防护措施；新、改、扩建工程项目，认真执行"三同时"规定。

4. 重视新产品、新材料、新设备的使用、储存和运输，督促有关部门加强安全管理。

5. 主持或参与安全生产大检查，对重大隐患要审查制定整改计划，组织有关部门实施。

6. 参加重大事故调查，并做出技术方面的鉴定。

3. 总工程师消防职责牌

总工程师消防职责

1. 对分管范围内的防火安全工作，负直接领导责任，具体负责落实防火安全会议提出或决定的关于本职工作范围内防火安全工作的要求。

2. 对分管范围内的有关人员提出具体明确的岗位防火安全责任，并督促落实。

3. 对分管范围内自查或上级部门下发的火险隐患，应责成有关人员定期、定项、定标认真落实整改。

4. 制定本部门全年或季度生产计划、工作计划的同时应制定分管工作范围事项的防火安全计划，审定本部门年度设备、技改项目的同时，应有防火安全的措施，并相应作出规定，在下达检修施工任务的同时，应制定严密的防火安全措施。

5. 认真执行国家建筑法规，对本部门新建、改建、扩建的建筑结构，必须按先审后建的工作原则，严格控制私搭乱建的违章建筑。

6. 认真学习执行国家颁发的消防法规和制定的各项防火安全规章制度。定期组织检查本部门电器安装、供气管系、受压容器、控制仪器等在生产运行中的安全状况，对本部门易燃易爆设备要不断研究降低或消除危险性的技改措施，不断完善防火自动装置。

（八）技术负责人办公室标志牌

1. 技术负责人岗位职责牌

技术负责人岗位职责

1. 学习、宣传、贯彻执行国家的安全、技术、质量管理标准，促进施工现场综合管理水平的全面提高。

2. 负责技术管理达标和文明施工管理。

3. 参加定期的综合检查和专项检查，做好检查日志记录。

4. 组织有关技术人员参加图纸会审，为预算、材料、财务提供会审资料。组织编制施工组织设计方案，审批分包单位工程施工方案，编制季节性的施工方案和措施，并组织实施。编制重要质量和安全技术措施，并密切结合施工现场处理技术问题。

5. 及时传达上级的技术文件，协助或参加分包单位、施工现场有关的技术工作，提供所需资料。

6. 每周必须召开一次工作例会。

7. 参加现场生产协调会，在会上报告工序程序施工情况和施工组织设计落实情况。

8. 每天做好工作日报。

2. 技术负责人安全生产职责牌

技术负责人安全生产职责

1. 认真学习、贯彻执行国家和上级有关安全技术及安全操作规程规定，保障施工生产中的安全技术措施的制定与实施。

2. 在编制和审查施工组织设计和方案的过程中，要在每个环节中贯穿安全技术措施，对确定后的方案，若有变更，应及时组织修订。

3. 检查施工组织设计和施工方案中安全措施的实施情况，对施工中涉及安全方面的技术性问题，提出解决办法。

4. 对新技术、新材料、新工艺，必须制定相应的安全技术措施和安全操作规程。

5. 对改善劳动条件，减轻笨重体力劳动，消除噪声等方面的治理进行研究解决。

6. 参加伤亡事故和重大已、未遂事故中技术性问题的调查，分析事故原因，从技术上提出防范措施。

3. 技术负责人质量职责牌

技术负责人质量职责

1. 认真做好图纸会审准备工作，组织工程技术交底时认真贯彻执行国家规范、规程、质量方针及政策，编制施工组织设计和施工方案时提出保证工程质量的技术措施。

2. 对新结构、新工艺、新材料提出保证质量的技术措施。解决施工中的技术问题，参加质量事故的调查处理，对质量事故提出技术处理意见。

3. 参加地基与基础、主体分部工程的质量核定、主体结构验收、工程竣工验收。

4. 对每道工序都必须签发工序作业指导书。

5. 认真贯彻执行国家计量方针政策，监督各类计量工作准确和正常运行。

（九）工程负责人办公室标志牌

1. 工程负责人岗位职责牌

工程负责人岗位职责

1. 在项目技术经理领导下负责项目工程的生产指挥及施工管理，认真贯彻执行有关施工安全生产、物资供应的各项标准和规定，科学组织网络计划。

2. 主持制定年、季、月生产计划和施工项目进度计划。

3. 参加综合检查和专项施工检查，做好检查日志记录。

4. 参与编制和审核施工组织设计和施工方案及图纸会审，认真落实技术措施和技术方案。

5. 经常组织对施工现场的各项安全工作的检查，认真贯彻执行安全生产技术标准和管理标准。

6. 参加调查处理重大安全质量事故。

7. 做好各类物资的进场使用、供应、调配与管理，执行各项物资消耗定额。

8. 组织落实各分包单位的各项管理责任制。

9. 参加生产调度会等有关会议，做好会议记录。

10. 组织分部、分项工程施工技术交底，审查、指导工长做好技术、质量交底记录并在施工中检查落实，对本项目工程技术资料整理及时、齐全、正确负责。

11. 做好现场文明施工记录。

12. 参加现场生产协调会。

13. 做好工作日报。

14. 技术交底。

15. 分项工程资料填报规定。

16. 业主、监理信息收集。

17. 进行评审。

2. 工程部质量职责牌

工程部质量职责

1. 坚持质量第一的原则，制定合理的进度计划，防止抢进度影响工程质量。

2. 负责指导施工技术资料搜集、整理、审查、装订。

（十）安全负责人办公室标志牌

安全负责人岗位职责牌

安全负责人岗位职责

1. 主持管理安全防护保证体系、文明施工保证体系，消防保证体系。

2. 对施工现场进行全方位监督检查，纠正不安全行为和改善不安全环境。

3. 熟悉各种安全技术措施、规章制度、标准、规定。

4. 坚决制止违章指挥和违章作业。

5. 做好安全达标和文明安全管理。

6. 参加每周一次文明安全综合值班检查和不定期安全检查，做好检查日志记录。

7. 坚持原则，做好系统安全职责范围内的工作。

8. 做好安全生产中规定资料的记录、收集、整理和保管。

9. 加强分包单位管理。

10. 按职权范围和标准对违反安全操作规程和违章指挥人员进行处罚。

11. 贯彻执行国家及省市有关消防保卫的法规、规定、组织制定和审查施工现场的保卫、消防方案和措施。

12. 每天用日检表反映安全问题。

13. 收集安全技术交底、安全活动记录，查原始记录及班组日志。

14. 验收安全设施及机械安全装置。

15. 参加现场生产协调会，在会上报告安全情况和文明施工情况。

16. 真实填写安全管理工作日报。

（十一）质量负责人办公室标志牌

质量负责人岗位职责牌

质量负责人岗位职责

1. 负责建立质量保证体系。

2. 对施工现场进行全方位质量监督检查。

3. 熟悉各种质量检查技术标准、规章制度、规范、规定。

4. 坚决制止违章指挥和违章作业。

5. 做好管区内的质量达标和文明施工管理。

6. 参加值班经理组织的每周一次文明施工综合检查和不定期质量检查。

7. 严格贯彻执行工程施工及验收规范、工程质量检验评定标准、质量管理制度。

8. 掌握和督促检查质量责任制在各分包单位的落实情况。

9. 参加每周综合检查。

10. 组织质检人员学习和贯彻执行质量管理目标、规程、标准和上级质量管理制度。

11. 按规定和标准健全质量台账，评定单位工程质量，向技术经理提供质量动态管理情况。

12. 参加新工艺、新技术、新材料、新设备的质量鉴定。参加质量事故调查，对发生质量事故的人员进行处理。

13. 按工程技术资料管理标准收集、汇总有关原始资料、质量验评资料。

14. 参加现场生产协调会，报告施工质量动态情况和文明施工情况。

15. 真实填写每日质量工作日报。

（十二）机电设备负责人办公室标志牌

1. 机电设备负责人岗位职责牌

机电设备负责人岗位职责

1. 认真贯彻执行国家和上级有关机械管理的方针、政策和法规，主持制定本单位机械管理实施细则。

2. 提出本单位机械工作方针目标、工作要求并督促实施。掌握机械管理动态，处理机械工作中重大问题，组织、领导、督促、检查机械工作。

3. 负责审查机械设备的购置、租赁更新改造、维修计划并组织实施。

4. 负责健全本单位的机械管理机构。

5. 对机械的安全生产负有领导责任，主持机械事故的调查和处理。

2. 机电设备负责人安全生产职责牌

机电设备负责人
安全生产职责

1. 对机、电、起重设备、锅炉、受压容器及自制机械设施的安全运行负责，按照安全技术规范经常进行检查，并监督各种设备的维修、保养的进行。

2. 对设备的租赁、要建立安全管理制度，确保租赁设备完好、安全可靠。

3. 对新购进的机械、锅炉、受压容器及大修、维修、外租回厂后的设备必须严格检查和把关，新购进的要有出厂合格证及完整的技术资料，使用前制定安全操作规程，组织专业技术培训，向有关人员交底，并进行鉴定验收。

4. 参加施工组织设计、施工方案的会审，提出涉及安全的具体意见，同时负责督促下级落实，保证实施。

5. 对特种作业人员定期培训、考核。

6. 参加因工伤亡及重大未遂事故的调查，从事故设备方面，认真分析事故原因，提出处理意见，制定防范措施。

（十三）材料负责人办公室标志牌

1. 材料负责人岗位职责牌

材料负责人岗位职责

1. 掌握材料技术知识和材料性能；熟悉各种安全、技术管理措施及有关规章制度、标准、规定。

2. 做好管区内的材料管理达标。

3. 参加综合检查和不定期材料检查，做好检查日志记录。

4. 检查新购进的机械设备基本情况，负责组织经批准的部分材料、工具的供应工作。

5. 参加施工组织设计、施工方案的会审。

6. 负责各项管理制度的贯彻执行，组织人员搞好机械设备的管理。

7. 建立材料质量证明收、发台账。

8. 贯彻上级有关物资统计工作要求，按期报出各种报表。

9. 参与施工组织设计（方案）的编制工作，及时提供供料方法、资源情况、运输条件及现场管理要求，使之合理规划现场。

10. 负责汇总编制主要材料一次性用料计划、构配件加工订货计划、市场采购计划、周转料具租用计划及材料节约计划等。

11. 按期完成各种物资统计报表并实行限额领料制度。

12. 现场巡视机械设备及材料使用情况是否符合标准规定，建立、健全现场料具管理责任制及落实措施。

13. 搞好材料定额管理。

14. 做好各种资料的保管。

15. 掌握工程进度与材料核算情况。

16. 严把收料关，坚持三验制度。

17. 填写工作日报。

18. 编制主要物资采购方案。

19. 对主要材料的招投标。

20. 审批施工单位机械进场计划。

21. 外租机械设备需求计划。

22. 督促、监督主要施工设备进场。

2. 材料负责人安全生产职责牌

材料负责人安全生产职责

1. 凡购置的各种机电设备、脚手架、新型建筑装饰、防水等料具或直接用于安全防护的料具及设备，必须执行国家、市有关规定，必须有产品介绍或说明的资料，严格审查其产品合格证明材料，必要时做抽样试验，回收后必须检修。

2. 采购的劳动保护用品，必须符合国家标准及相关规定，并向主管部门提供情况，接受对劳动保护用品的质量监督检查。

3. 做好材料堆放和物品储存，对物品运输应加强管理，保证安全。

（十四）财务负责人办公室标志牌

1. 财务负责人岗位职责牌

财务负责人岗位职责

1. 贯彻执行国家及上级有关预算编制的各项规定，编制工程竣工结算资料及分包工程的结算。

2. 协助领导签定内外分包施工合同，并严格控制费用标准。

3. 编制固定资金使用计划，编制成本、利润计划，编制分包单位考核指标计划及管理费用控制计划。严格按审批制度及审批程序控制购置计划、严格执行现金管理制度，正确及时办理货币资金业务结算。

4. 贯彻执行财经法规及成本管理标准。

5. 认真执行会计制度。

6. 财务档案的综合管理。

7. 编制月度工资发放明细表，审核并填制工资方面业务记账凭证。

8. 成本核算审核。

9. 贯彻执行劳动工资政策、法令，执行本企业的规章制度。

10. 负责劳动工资计划、统计的审核和工资奖金的使用、管理。

11. 负责贯彻执行劳动定额。

12. 认真贯彻执行国家劳动保护用品的规定和使用标准，按规定负责审批购置劳动保护用品的经费。

13. 做好主持编制、审批材料计划。

14. 定期检查指导部门内及所属分包财务核算工作。

15. 填写工作日报。

2. 财务负责人安全生产职责牌

财务负责人安全生产职责

1. 认真执行国家关于企业安全技术措施经费提取使用的有关规定，做到专款专用，并监督执行，切实保证对安全生产的投入，保证安全技术措施和隐患整改项目费用到位。

2. 执行财政部关于安全技术措施费用使用管理规定，保证安全技术措施费用和事故隐患整改费用到位。

3. 审查单位经营计划时，要同时审查安全技术措施计划，并检查执行情况。

4. 按安全管理纳入经济责任制，分析单位安全生产经济效益，支持开展安全生产竞赛活动，审核各类事故费用支出。

（十五）人事负责人办公室标志牌

1. 人事负责人岗位职责牌

人事负责人岗位职责

1. 贯彻执行国家及上级有关人事、劳动方面的法律法规和政策，组织编写和建立健全公司劳动人事管理的各项规章制度。

2. 负责公司和各职能部门、下属企业、项目部的组织机构设置、人员编制和人员配置。

3. 负责公司员工岗位规范的制定和招聘、录用、调配工作、负责员工的考勤、考核、考绩、奖惩的管理工作。

4. 负责工程项目施工劳动用工计划及临时用工计划的审核和劳动力的调配。

5. 负责合同工、临时工、外地用工的录用与辞退工作。

6. 负责项目部工资总额的核定与管理；负责员工工资的计算、统计与发放。

7. 负责员工培训管理。

8. 负责公司员工专业技术资格的初审、报送手续和专业技术职务的考核与聘任工作。

9. 负责员工养老保险、失业保险、医疗保险等工作。

10. 负责员工的劳动纪律检查与考核。

11. 负责公司人事、劳动、工资的综合统计与管理工作。

2. 人事负责人安全生产职责牌

人事负责人安全生产职责

1. 根据国家有关安全生产的方针、政策及企业实际，配齐具有一定文化程度、技术和实践经验的安全干部，保证安全干部的素质。

2. 组织对新调入、转业的施工、技术及管理人员的安全培训、教育工作。

3. 按照国家规定，负责审查安全管理人员资格，有权向主管领导建议调整和补充安全监督管理人员。

4. 严格执行国家特种作业人员上岗位作业的有关规定，适时组织特种作业人员的培训工作，并向安全部门或主管领导通报情况。

5. 认真落实国家和地方政府有关劳动保护的法规，严格执行有关人员的劳动保护待遇，并监督实施情况。

6. 参加因工伤亡事故的调查，从用工方面分析事故原因，提出防范措施，并认真执行对事故责任者的处理意见。

（十六）消防保卫负责人岗位职责牌

消防保卫负责人岗位职责

1. 贯彻执行国家有关消防保卫的法规、规定，协助领导做好消防保卫工作。

2. 制定年、季消防保卫工作计划和消防安全管理制度，并对执行情况进行监督检查，参加施工组织设计、方案的审批，提出具体建议并监督实施。

3. 经常对职工进行消防安全教育，会同有关部门对特种作业人员进行消防安全考核。

4. 组织消防安全检查，督促有关部门对火灾隐患进行解决。

5. 负责调查火灾事故的原因，提出处理意见。

6. 参加新建、改建、扩建工程项目的设计、审查和竣工验收。

7. 负责施工现场的保卫、对新招收人员需进行暂住证等资格审查，并将情况及时通知安全管理部门。

（十七）环境保护负责人岗位职责牌

环境保护负责人岗位职责

1. 贯彻执行国家及地方有关环境保护管理法律、法规及各项规章制度，对现场环境保护工作负直接管理责任。

2. 协助项目经理落实施工现场环境保护岗位责任制及环境保护管理制度。

3. 协助项目经理编制施工现场环境保护措施并组织实施。

4. 协助项目经理对现场人员进行环境保护知识的教育。

5. 负责组织对环境保护设施的安装、维修、检查，保证环境保护设施的正常进行。

6. 负责对施工噪声、烟尘的定期检测。

7. 负责施工现场环境保护内业资料的建档和管理工作。

8. 定期对现场污染源设施进行检查。

（十八）卫生防疫负责人岗位职责牌

卫生防疫负责人岗位职责

1. 贯彻执行有关施工现场卫生法规及管理制度，对本项目施工现场环卫卫生管理负直接管理责任。

2. 协助项目经理部拟定施工现场卫生防疫管理制度，划分卫生责任区及责任人，并监督实施。

3. 负责组织管理施工人员学习有关卫生防疫法律、法规、管理制度、措施，并定期组织考核。

4. 负责配合有关部门办理食堂卫生许可证，炊事人员的健康证，监督炊事人员持证上岗。

5. 定期检查现场各区域的环境卫生情况，发现问题及时落实整改。

6. 按文明施工资料管理标准，做好环境卫生的各项资料，真实具体，以备查考。

（十九）保卫负责人岗位职责牌

保卫负责人岗位职责

1. 主管门卫警卫。

2. 熟悉门卫管理规章制度、标准、规定。

3. 做好管区内的安全达标工作和文明安全管理，防止失窃、打架斗殴。

4. 每日检查施工现场是否有不安全的因素存在，做好重点部分的保卫工作。

5. 在施工现场进行不安全作业的行为，监督和制止到位。

6. 掌握外地务工人员情况，消灭不安全因素。

（二十）工会办公室标志牌

1. 工会工作职责牌

工会工作职责

1. 全面贯彻和落实国家的有关方针政策，协助党、团组织对职工进行党的路线方针政策教育。

2. 认真落实上级有关工作的部署和要求，协助项目部搞好人事、工资奖金分配、职工福利、综合治理、安全生产、职工困难补助，党风廉政建设、企业文化建设等工作。

3. 牵头组织劳动竞赛活动和安全生产活动。

4. 工会组织要抓好群众性技术创新活动。

2. 工会安全生产职责牌

工会安全生产职责

1. 审查落实企业经济承包方案中的安全措施，对没有安全承包内容的方案要提出意见。

2. 及时发现生产环境和设施方面存在的事故隐患，并向行政部门提出改进意见，督促及时解决。

3. 及时制止违章指挥和违章作业。

4. 支持工人保障安全的合理要求。

5. 监督、协助行政部门认真执行三级安全教育制度。

6. 按"四不放过"原则，参加查处重大伤亡事故。

7. 开展安全生产竞赛活动，对涌现出的先进个人和先进集体要大力表彰。

8. 抓典型，推广安全生产科学管理和开展群众劳动保护监督检查的先进经验。

9. 监督企业是否将劳动保护问题列入职工代表大会的议事日程。

（二十一）值班室标志牌

施工现场值班人员守则牌

施工现场值班人员守则

1. 值班人员必须自觉遵守各项法规和安全规定，遵守本单位的一切规章制度。

2. 值班人员必须明确防火、防盗职责，坚守岗位，尽职尽责，夜班值班人员要时刻警惕，不得睡觉，不准下棋、打扑克、喝酒、看电视等，保证单位安全。

3. 值班人员认真巡视，仔细检查火源和物资设备、建筑门窗等。发现可疑情况，要及时采取防范排险措施，并报告值班领导。

4. 值班人员要建立交接班记录本，严格执行交接班制度。在交接班时，经接班人员核查无误后，方可接班。

5. 值班人员不得随意将无关人员带入单位。

6. 发现有人在严禁烟火部位吸烟或使用明火，以及不经领导批准，带走单位财物者，有权制止，并报告领导和有关部门予以处理。

7. 值班人员必须熟知本单位防火重点部位和消防水源器材的分布情况。

8. 值班人员必须懂得消防常识，要做到会检查、能发现问题。

9. 现场材料进、出要有记录。做好外协单位物品进出场的登记，避免本单位财产流失。

（二十二）吸烟室标志牌

施工现场吸烟室管理办法牌

施工现场吸烟室管理办法

1. 严禁使用非易燃材料搭设，门窗齐全。

2. 配备灭火器、烟灰缸、水桶等。

3. 吸烟后，烟头应放到烟缸或水桶内，不得乱扔。

4. 必须安排专人负责清理，室内不得放置其他物品。

(二十三）测量室标志牌

1. 测量员岗位职责牌

测量员岗位职责

1. 熟悉各种计量测量技术、规章制度、标准、规定。

2. 做好管区内的测量达标工作和文明安全管理。

3. 完成统计报表,负责各类网络图绘制,负责计量器具的送检。

4. 做好工地的各项测量工作。

5. 做好测量结果的整理,做好测量图的绘制,做好测量资料汇总、整理、递交、保管,各个数据资料必须准确无误。

6. 督促各计量部位作好计量原始记录和各种台账记录。

7. 制定计量工作规划及年度、季度、月份计量工作计划和措施。

8. 做好测量仪器设备的校正及测量仪器设备、工具、器材的保养、维护、修理、保管工作。

9. 按期督促进行沉降观测构筑物的垂直偏差等观测。

10. 负责测量器具的报废和购买等工作的申报。

11. 确定项目测量仪器、设备的配置。

12. 检查督促测量工作。

13. 制定测量设备管理办法,执行公司规定。

14. 配合业主、监理测量检查。

15. 仪器的标定、标志,制定操作规程。

16. 建立仪器台账。

2. 测量员质量职责牌

测量员质量职责

1. 熟悉施工图纸及有关技术资料，制定放线定位施测方案。对工程测量成果负责。

2. 负责测量成果资料签证、整理、保管、入档。认真执行测量复核制，发现问题及时报告。

（二十四）试验室标志牌

1. 试验员岗位职责牌

试验员岗位职责

1. 主管试验、试验取样，试验资料齐全有效。

2. 熟悉主要建筑材料试件取样方法。

3. 做到取样方法正确、试件可靠，原始记录真实准确。

4. 做好各项试验的试件、试样及有关的原始资料、台账、报表等的整理、汇总、上报，做到真实、完整、可靠。

5. 按时收集、整理、填报月、季、年试验统计报表和有关资料。

6. 检查搅拌台混凝土、砂、石、水计量准确无误。

2. 试验员质量职责牌

试验员质量职责

1. 严格按规定进行试验，对试验和检测数据的真实性负责。
2. 对各种原材料、试件取样制作及管理负责。

（二十五）施工工长职责牌

1. 施工工长岗位职责牌

施工工长岗位职责

1. 熟悉各种安全技术措施、规章制度、标准、规定。

2. 做好管区内的安全达标和文明安全管理，坚决制止违章指挥和违章作业。

3. 参加每周一次文明安全综合检查和不定期安全检查，做好检查日志记录。

4. 必须编制日施工作业计划，做好在施工程的劳动力、材料、机具、设备的计划。

5. 必须按施工组织设计、工序作业指导书、技术洽商、修改方案组织施工。

6. 必须按技术标准、管理标准严格管理在施工程的质量和安全。

7. 必须组织班组、分包单位学习各项规章制度。

8. 发生工伤事故及时上报，保护现场。

9. 认真详细填写施工日记。

10. 做好管区内的综合管理。

2. 施工工长安全生产职责牌

施工工长安全生产职责

1. 认真执行上级有关安全生产规定，对所管辖班组（特别是外包工队）的安全生产负直接领导责任。

2. 认真执行安全技术措施及安全操作规程，针对生产任务特点，向班组（包括外包队）进行书面安全技术交底，履行签认手续，并对规程、措施、交底要求执行情况经常检查，随时纠正作业违章。

3. 经常检查所辖班组（包括外包队）作业环境及各种设备、设施的安全状况，发现问题及时纠正解决。对重点、特殊部位施工，必须检查作业人员及各种设备设施技术状况是否符合安全要求，严格执行安全技术交底，落实安全技术措施，并监督其执行，做到不违章指挥。

4. 定期和不定期组织所辖班组（包括外包队）学习安全操作规程，开展安全教育活动，接受安全部门或人员的安全监督检查，及时解决提出的不安全问题。

5. 对分管工程项目应用的新材料、新工艺、新技术严格执行申报、审批制度，发现问题及时停止使用，并上报有关部门或领导。

6. 发生因工伤亡及未遂事故要保护现场，立即上报。

3. 施工工长消防职责牌

施工工长消防职责

1. 认真执行上级有关消防安全生产规定,对所管辖班组的消防安全生产负直接领导责任。

2. 认真执行消防安全技术措施及安全操作规程,针对生产任务的特点,向班组进行书面消防保卫安全技术交底,履行签字手续,并对规程、措施、交底的执行情况实施经常检查,随时纠正现场及作业中违章、违规行为。

3. 经常检查所辖班组作业环境及各种设备实施的消防安全状况,发现问题及时纠正、解决。对重点、特殊部位施工,必须检查作业人员及设备、设施技术状况是否符合消防保卫安全要求,严格执行消防保卫安全技术交底,落实安全技术措施,并监督其认真执行,做到不违章指挥。

4. 定期组织所辖班组学习消防规章制度,开展消防安全教育活动,接受安全部门或人员的消防安全监督检查,及时解决提出的不安全问题。

5. 对分管工程项目应用的符合审批手续的新材料、新工艺、新技术,要组织作业工人进行消防安全技术培训;若在施工中发现问题,必须立即停止使用,并上报有关部门或领导。

6. 发生火灾或未遂事故要保护现场,立即上报。

4. 施工工长质量职责牌

施工工长质量职责

1. 工长应按设计图纸、施工规范、质量标准、施工组织设计组织施工。对承担的工程施工质量负直接管理责任。

2. 对施工班组负有检查、督促执行的责任。

3. 对工程使用的材料、成品、半成品、构件质量负责，对不符合质量标准的材料有上报处理的责任，负责组织施工班组的工序自检、互检、交接检。对检查评定资料的真实性负责。

4. 参加隐蔽工程检查、验收，工程结构验收，单位工程竣工验收。积极配合执法人员做好质量检查工作。

5. 发现质量事故立即向技术经理报告。

（二十六）质检员岗位职责牌

质检员岗位职责

1. 对单位工程或承担的分部工程施工质量负直接责任。

2. 坚决制止违章指挥和违章作业。

3. 做好管区内的质量达标工作和质量管理。

4. 协助参加质量检查，同时做好记录。

5. 作质量检查台账，记录遵章守纪及未遂事故调查情况。

6. 收集质量程序交底或质量活动记录。

7. 参加分部、分项工程的质量等级核定及隐蔽工程的核查验收。

（二十七）安全员岗位职责牌

安全员岗位职责

1. 协助项目经理建立安全生产保证体系、安全防护保证体系、机械安全保证体系。

2. 纠正一切违章指挥、违章作业的行为和不安全状态。

3. 肩负管理和检查监督两个职能，宣传和执行国家及上级主管部门有关安全生产、劳动保护的法规和规定，协助领导做好安全生产管理工作。

4. 做好安全生产中规定资料的记录、收集、整理和保管。

5. 按职权范围和标准对违反安全操作规程和违章指挥人员进行处罚，对安全工作做出成绩的提出奖励意见。

6. 协助参加项目安全值班检查，同时做好记录。

7. 作安全台账，记录遵章守纪及未遂事故调查情况，收集安全技术交底或安全活动记录，验收安全设施及机械安全装置。

8. 参加现场生产协调会，报告安全情况、参加班组安全活动，检查班组日志。

9. 做好现场文明施工记录。

（二十八）劳资管理员岗位职责牌

劳资管理员岗位职责

1. 依据经理部岗位设置制定岗位工资系数。

2. 汇总、审核考勤并依据考勤编制月工资表，将月工资表交主管领导审核。

3. 依据奖励方法、考勤情况编制奖金分配表，报总经理审批。

4. 依据经理部编制情况编制劳动保护计划，购置劳动保护用品。

5. 依据经理部人员编制防暑降温、冬季取暖计划。

6. 依据公司培训计划，编制各类人员培训需求计划。

7. 对各类培训人员进行登记造册。

（二十九）预算员岗位职责牌

预算员岗位职责

1. 熟悉各种安全技术措施、规章制度、标准、规定。

2. 熟悉施工图，精通预算定额和有关文件规定，参加图纸会审和技术交底。

3. 结合工程实际编制预算合同。

4. 合理套用定额必须无错项、漏项。

5. 完成年度结算和竣工结算。

（三十）合同员岗位职责牌

合同员岗位职责

1. 协助合同副经理对主要技术干部进行合同文件交底。

2. 审核项目承包合同，进行标后预算。

3. 拟订项目总体分包方案。

4. 确定项目各项分包单价。

5. 对分包单位进行资质审查。

6. 拟订分包协议，并及时签定分包合同。

7. 对分包单位及时进行综合评估。

8. 协助对分包工程确定项目招标项目。

（三十一）材料采购员岗位职责牌

材料采购员岗位职责

1. 熟悉各种材料技术性能、规章制度、标准、规定。

2. 做好管区内的材质达标工作和文明安全管理。

3. 协助参加项目安全值班检查，同时做好记录。

4. 熟悉建筑工程施工图、网络计划、预算定额，掌握有关文件和规定，编制出单位工程材料计划。

5. 做好各种资料的保管、使用及材料计划的发放、回收登记，整理存档及时到位。

6. 组织编制年、季、月供应计划。

7. 按计划组织好周转工具等材料的租赁，按期完成各种物资统计报表，按期完成各种限额领料资料汇总、统计、核算。

8. 严格贯彻执行材料管理制度和标准。

9. 收集物资材料市场信息动态资料。

10. 依据施工单位及各部门所需材料计划单，填写材料计划表。

11. 通知供应商按材料计划表供应材料。

12. 对送达工地（库房）的材料进行入库前检验。

（三十二）材料保管员岗位职责牌

材料保管员岗位职责

1. 熟悉各种材料技术性能、规章制度、标准、规定。

2. 做好管区内的材质达标工作和文明安全管理。

3. 收料必须严格执行"三验制"，即验数量、验质量、验规格品种。

4. 建立进（出）料必须登记台账及计量检测记录，认真办理进（出）料各种手续。

5. 材料必须严格按照施工平面布置图堆放，合理、规范地存放各类材料及构配件。

6. 做好各期库存盘点，做好账册、单据等的日清日结，并装订成册，妥善保管，按时交出库存报表到位。

7. 熟悉掌握使用防火防盗设施和器材。

8. 组织周转工具清点以及保养维修工作，建立周围工具进出台账，完成各种报表。

9. 督促检查各项管理制度的贯彻执行，组织废旧物资的回收、修理、利用。

10. 建立物资消耗台账和限额领料台账，对统计资料按期装订、归档，妥善保存。

（三十三）财会员岗位职责牌

财会员岗位职责

1. 熟悉各种规章制度、标准、规定。

2. 做好管区内的工料分析和文明施工管理。

3. 按计划及时提取安全技术措施经费、劳动保护经费及其他安全生产所需经费，保证专款专用。

4. 根据工程进度每月审核内外各类成本费用开支的合理性、合法性并填制记账凭证。

5. 正确熟练掌握材料价格，根据验收单审核发票是否合法合规。

6. 负责成本费用转账工作。

7. 根据工程进度每月一次定期成本分析。

8. 编制固定资产、临时设施及有关会计报表。

9. 编制月度工资发放明细表。

10. 复核全部记账凭证。

11. 审核、整理有关部门报送的成本核算资料。

12. 进行采购成本核算与分析。

13. 对转账凭证进行账务处理。

14. 审核出纳所做的收、付款凭证。

15. 合同部开具的各施工队工程结算单的账务处理。

16. 及时处理与公司及其他项目的往来列账单。

17. 定期对材料进行账务处理。

18. 定期与劳资部门核对工资、计提情况。

19. 定期进行费用的摊销。

20. 定期进行费用的计提。

21. 定期进行费用的分配。

22. 定期对上缴公司的各项费用进行列账处理。

23. 定期编制财务会计报表。

24. 定期编制项目月份快报。

25. 定期编制"往来款项统计表"。

26. 对财务收、发文进行编号登记。

27. 对账务收到的合同进行编号登记。

28. 对会计凭证进行装订。

29. 做好会计信息的保密工作。

（三十四）统计员岗位职责牌

统计员岗位职责

1. 贯彻执行《中华人民共和国统计法》及其实施细则，严格按照建筑业统计制度及上级主管部门的要求，及时、准确、全面地完成各种统计报表及各种统计调查任务到位。

2. 按网络计划组织施工，及时、准确、全面地完成各种统计报表。

3. 熟悉各种技术措施、规章制度、标准、规定。

4. 协助参加项目值班检查，同时做好记录。

5. 做好调度，满足生产和生活需要。

6. 编制年、季、月生产计划。

7. 建立健全各种统计台账。

（三十五）资料员岗位职责牌

资料员岗位职责

1. 熟悉施工图和设计文件。

2. 资料收发及保管整齐、齐全，分类存放有登记，收发借阅手续齐全，资料管理必须符合建筑安装工程施工技术资料管理规定。

3. 及时、准确地提供有关资料。

4. 负责施工技术资料的搜集、整理、装订、审查。及时、正确提供各类建筑材料、试件的试验资料。

5. 存档的报表、资料等及时搜集、整理、填列、补充，做到全面准确。

6. 认真做好图纸会审准备工作。

7. 作业指导书收集。

（三十六）仓库管理员岗位职责牌

仓库管理员岗位职责

1. 凡进库货物必须进行验收，核实后做好造册登记。

2. 认真负责搞好仓库内部材料、设备及小工具的发放工作，并应做好登记、签字手续。

3. 工程需要的材料库存不足时，应提早备足，不至于影响正常施工。

4. 仓库内应保持整洁、货物堆放整齐、货架堆放的物品应挂牌明示，以便迅速无误地发放。

5. 严禁非仓库管理人员入内，严禁烟火。

6. 不得私自离岗。有事外出，应委托他人临时看守。

7. 做好外场砂石料的收、管工作，签好每一张单据，严格把关砂石料的计量及质量。

8. 定期检查仓库消防器材的完好情况，在规定的禁火区域内严格执行动火审批手续。

四、班组长安全生产职责标志牌

1. 班组长的安全生产职责牌

班组长的安全生产职责

1. 认真执行安全生产规章制度及安全操作规程，合理安排班组人员工作，对本班组人员在生产中的安全和健康负责。

2. 经常组织班组人员学习安全操作规程，监督班组人员正确使用个人劳保用品，不断提高自保能力。

3. 认真落实安全技术交底，做好班前讲话，不违章指挥、冒险蛮干。

4. 经常检查班组作业现场安全生产状况，发现问题及时解决并上报有关领导。

5. 认真做好新工人的岗位教育。

6. 发生因工伤亡及未遂事故，保护好现场，立即上报有关领导。

2. 木工班长的安全生产职责牌

木工班长的安全生产职责

1. 负责落实安全生产保证计划中有关木工作业施工现场安全控制的规定。

2. 组织班组安全作业，模范遵守安全生产规章制度。

3. 安排生产任务时，认真进行安全技术交底，严格执行本工种安全操作规程，有权拒绝违章指挥。

4. 上工前对所使用的机具、设备、防护用具及作业环境进行安全检查，发现问题立即采取整改措施，及时消除事故隐患。

5. 组织班组安全活动，开好班前安全生产会，并根据作业环境和职工的思想、体质、技术状况合理分配生产任务。

6. 木工间内备有的消防器材应定期检查，确保完好状态。严禁在工作场所吸烟和明火作业，不得存放易燃物品。

7. 工作场所的木料应分类堆放整齐，保持道路畅通。

8. 严格遵守木工机械安全操作规程。

9. 高空作业对材料堆放应稳妥可靠，工具用后随时装入袋内，严禁向下抛掷工具或物件等。

10. 木料加工处的废料和木屑等应即时清理，做到落手清。

11. 发生工伤事故，应立即抢救，及时报告，并保护好现场。

3. 瓦工班长的安全生产职责牌

瓦工班长的安全生产职责

1. 负责落实安全生产保证计划中有关泥工作业施工现场安全控制的规定。

2. 组织班组安全作业，模范遵守安全生产规章制度。

3. 安排生产任务时，认真进行安全技术交底，严格执行本工种安全操作规程，有权拒绝违章指挥。

4. 上工前对所使用的机具、设备、防护用具及作业环境进行安全检查，发现问题立即采取整改措施，及时消除事故隐患。

5. 组织班组安全活动，开好班前安全生产会，并根据作业环境和职工的思想、体质、技术状况合理分配生产任务。

6. 严格执行本工种的安全操作规程，提高安全意识，听从安全人员的指挥，严禁违章作业；正确使用劳防用品及安全设施，爱护安全标志，服从分配，坚守岗位。

7. 经常检查工作岗位环境及脚手架、脚手板、工具使用情况，做好文明施工落手清工作；发扬团结友爱精神，维护一切安全设施，不准擅自拆移防范措施。

8. 进入现场必须遵守六大纪律。

4. 电焊班长的安全生产职责牌

电焊班长的安全生产职责

1. 负责落实安全保证计划中电焊安全动火作业控制的规定。

2. 组织班组安全作业，模范遵守安全生产规章制度。

3. 安排生产任务时，认真进行安全技术交底，严格执行本工种安全操作规程，有权拒绝违章指挥。

4. 上工前对所使用的机具、设备、防护用具及作业环境进行安全检查，发现问题立即采取整改措施，及时消除事故隐患。

5. 组织班组安全活动，开好班前安全生产会，并根据作业环境和职工的思想、体质、技术状况合理分配生产任务。

6. 发生工伤事故，应立即抢救，及时报告，并保护好现场。

5. 电工班长的安全生产职责牌

电工班长的安全生产职责

1. 负责落实安全保证计划中电工作业施工现场安全用电控制的规定。

2. 组织班组安全作业，模范遵守安全生产规章制度。

3. 安排生产任务时，认真进行安全技术交底，严格执行本工种安全操作规程，有权拒绝违章指挥。

4. 上工前对所使用的机具、设备、防护用具及作业环境进行安全检查，发现问题立即采取整改措施，及时消除事故隐患。

5. 组织班组安全活动，开好班前安全生产会，并根据作业环境和职工的思想、体质、技术状况合理分配生产任务。

6. 电工必须持证上岗。

7. 必须掌握安全用电基本知识和用电设备的性能。

8. 使用设备前必须检查设备各部位的性能后方可通电使用。

9. 停用的设备必须拉闸断电，锁好开关箱。

10. 电工作业时必须穿戴好必要的劳防用品。

11. 严禁带电作业，设备严禁带病运行。

12. 民工必须严格遵守建设部发布的"施工现场临时用电安全技术规范"进行作业。

13. 保证电气设备、移动电动工具临时用电正常运行和安全使用。

14. 发生触电工伤事故，应立即抢救，及时报告，并保护好现场。

6. 钢筋工班长的安全生产职责牌

钢筋工班长的安全生产职责

1. 负责落实安全保证计划中钢筋班组施工现场安全控制的规定。

2. 组织班组安全作业，模范遵守安全生产规章制度。

3. 安排生产任务时，认真进行安全技术交底，严格执行本工种安全操作规程，有权拒绝违章指挥。

4. 上工前对所使用的机具、设备、防护用具及作业环境进行安全检查，发现问题立即采取整改措施，及时消除事故隐患。

5. 组织班组安全活动，开好班前安全生产会，并根据作业环境和职工的思想、体质、技术状况合理分配生产任务。

6. 严禁违章作业。

7. 高空作业时，严禁乱抛杂物。

8. 钢筋搬运、加工和绑扎过程中发生脆断和其他异常情况时，应立刻停止作业，向有关部门汇报。

9. 严格按设计图纸和现行施工规范加工，绑扎钢筋时严禁偷工减料，弄虚作假。

10. 团结互助、相互提醒，确保安全生产。

11. 发生工伤事故时，应立即抢救，及时报告，并保护好现场。

7. 架子工班长的安全生产职责牌

架子工班长的安全生产职责

1. 负责落实安全生产保证计划中脚手架防护搭设控制的规定。

2. 组织班组安全作业，模范遵守安全生产规章制度。

3. 安排生产任务时，认真进行安全技术交底，严格执行本工种安全操作规程，有权拒绝违章指挥。

4. 上工前对所使用的机具、设备、防护用具及作业环境进行安全检查，发现问题立即采取整改措施，及时消除事故隐患。

5. 组织班组安全活动，开好班前安全生产会，并根据作业环境和职工的思想、体质、技术状况合理分配生产任务。

6. 作业人员必须持证上岗并自觉遵守现场安全生产六大纪律。

7. 认真选材，严格按脚手架安全技术规程要求搭设。

8. 脚手架的维修保养应每三个月进行一次，遇大风大雨应事先认真检查，必要时采取加固措施；脚手架搭设完毕，架子工应通知安全部门会同有关人员共同验收，合格挂牌后方可使用。

9. 拆除架子时，应先检查，如遇薄弱环节，应加固后拆除。

10. 拆除架子必须设置警戒范围，输送地面的杆件应及时分类堆放整齐。

11. 发生工伤事故时，应立即抢救，及时报告，并保护好现场。

8. 安装班长的安全生产职责牌

安装班长的安全生产职责

1. 负责落实安全生产保证计划中安装班组施工现场安全控制的规定。

2. 组织班组安全作业，模范遵守安全生产规章制度。

3. 安排生产任务时，认真进行安全技术交底，严格执行本工种安全操作规程，有权拒绝违章指挥。

4. 上工前对所使用的机具、设备、防护用具及作业环境进行安全检查，发现问题立即采取整改措施，及时消除事故隐患。

5. 组织班组安全活动，开好班前安全生产会，并根据作业环境和职工的思想、体质、技术状况合理分配生产任务。

6. 新参加工作的工人，应先进行安全技术培训和教育，否则不得上岗施工，对本工种安全技术规程不熟悉的人，不得独立作业。

7. 凡编制施工组织设计或施工技术措施文件时，应同时编制切合实际情况的安全技术措施。

8. 凡参与管道施工的电焊工、气焊工、起重吊车司机和现场叉车司机，必须经过当地劳动部门安全培训，考试合格后方可持证施工。

9. 凡在有易爆、易燃物质的地点施工时，应按专门的防护规定进行操作。

10. 在有毒性、刺激性或腐蚀性的气体、液体或粉尘的场所工作时，应编制专门的防护措施进行作业。

11. 发生工伤事故时，应立即抢救，及时报告，并保护好现场。

9. 机械作业班长的安全生产职责牌

机械作业班长的
安全生产职责

1. 负责落实安全生产保证计划中施工现场机械操作安全控制的规定。

2. 组织班组安全作业，模范遵守安全生产规章制度。

3. 安排生产任务时，认真进行安全技术交底，严格执行本工种安全操作规程，有权拒绝违章指挥。

4. 上工前对所使用的机具、设备、防护用具及作业环境进行安全检查，发现问题立即采取整改措施，及时消除事故隐患。

5. 组织班组安全活动，开好班前安全生产会，并根据作业环境和职工的思想、体质、技术状况合理分配生产任务。

6. 机械设备的操作人员必须经过专业培训考试合格、并取得有关部门颁发的操作证或特殊工种操作证后，方可独立操作。学员必须在师傅的指导下进行操作。

7. 机械作业时，操作人员不得擅自离开工作岗位或将机械交给非本机操作人员操作。严禁无关人员进入作业区和操作室内。工作时，思想要集中，严禁酒后操作。

8. 作业后，切断电源，锁好闸箱，进行擦拭、润滑，清除杂物。

9. 发生工伤事故时，应立即抢救，及时报告，并保护好现场。

五、生活区管理制度标志牌

（一）宿舍常用标志牌

1. 宿舍管理制度牌

宿舍管理制度

　　1. 集体宿舍必须有专人负责管理，住宿人员必须服从管理，自觉遵守工地各项规章制度。

　　2. 集体宿舍是施工人员休息、生活、学习的场所,应保持宿舍卫生整洁、安静和良好的秩序,每个住宿人员应遵守文明宿舍公约。

　　3. 住宿职工要维护公共卫生，保持室内干净、整洁，生活用品摆设、叠放整齐，地面不乱扔杂物、烟头。

　　4. 每个宿舍房间要编号并选室长，室长负责安排卫生值日和清扫工作，住宿人员名单要上墙，每日卫生值日人员要自觉负责门前和室内卫生的打扫，督促同室人员不乱扔垃圾，不乱倒脏水，不随地便溺。

　　5. 工地管理人员每周一次组织人员检查，如宿舍内发现脏、乱、臭现象应责令整改，屡违者经教育后视情节轻重给予处罚或清退。宿舍内不得留宿无关人员和家属子女。

　　6. 宿舍无人时关好窗户，切断电源，锁上门锁。

　　7. 宿舍内不准聚众酗酒，不得聚众赌博，严禁斗殴，严禁从楼上向下倒水。

　　8. 冬季宿舍内要防止火灾和煤气中毒。

2. 宿舍卫生制度牌

宿舍卫生制度

1. 宿舍必须有卫生负责人和卫生轮流值日包干表，明确职责。

2. 职工宿舍合理布置，床单、枕巾干净卫生，被子叠放整齐。

3. 洗脸毛巾挂成一条线，不穿的衣服叠整齐，放在固定地方。

4. 洗漱、吃饭用具放在固定地方，整齐干净，餐具要遮盖。

5. 床铺下边不得有杂物，鞋子放在固定的地方。

6. 室内地面保持干净，桌椅表面无灰尘，窗户明亮。

7. 宿舍内由室长安排值日表，使职工自觉打扫宿舍卫生。

8. 剩饭、剩菜一律要倒入泔水桶，不准乱倒。

9. 不乱抛杂物，不随地大小便。

3. 宿舍防火制度牌

宿舍防火制度

1. 严禁私自乱接电线，不准用电热器具烧水、取暖。

2. 照明电线上不得晾挂任何物件。

3. 严禁使用明火。不准卧床吸烟，吸烟必须备有烟灰缸或水盆。不准乱扔烟头。

4. 冬季取暖必须经消防保卫部门审批。

5. 不准使用电炉、煤油炉。

6. 不准存放易燃、易爆物品。

4. 文明宿舍住宿制度牌

文明宿舍住宿制度

1. 每人必须交住宿保证抵押金。

2. 严禁在房内私接电线、电器设备及使用电加热器具。

3. 严禁乱倒垃圾、脏水，严禁随地大小便。

4. 严禁在床上吸烟和房内点蜡烛。

5. 严禁在房内烧饭、烧菜及吃饭。

6. 严禁在规定区域外晒衣、晒被子，注意个人卫生。

7. 必须建立宿舍值日制度，搞好室内卫生及门前三包工作。

8. 必须建立室长负责制，严禁赌博、斗殴、酗酒。

9. 必须爱护生活区内及宿舍内的公共财物、公共设施。

10. 外来人员应办理会客登记，未经许可不准随意进入宿舍及留宿。

11. 宿舍内物品堆放必须规范。

卫 生 值 日 表

室　号		室　长		周　一	
周　二		周　三		周　四	
周　五		周　六		周　日	

（二）食堂常用标志牌

1. 食堂卫生管理制度牌

食堂卫生管理制度

1. 食堂工作人员必须经体检合格，并经上岗培训考核合格，取得健康证后方可上岗。

2. 上岗前应洗手消毒，穿戴工作服、帽，保持个人清洁卫生。

3. 食品原料进货应有验收制度，专人负责，以达到原料新鲜，无腐蚀变质，清洗要彻底，保证食品的卫生质量。

4. 冰箱内，生熟食品必须严格分开存放，不得存放私物、药物等。

5. 不得供应生冷拌菜和生食小水产，菜肴烧熟煮透，隔夜的剩菜应回锅加热，不得混入当餐鲜菜中，不供应腐败变质食品。

6. 保持食堂内外整洁，不堆放与食品无关的施工物料和工具，操作间和储藏间分开设置，做好防潮、防虫、防蝇、防鼠工作。

7. 炊事用具无锈、无油垢。采购、加工、储存生与熟食品要严格分开，并设有生熟、荤素标志，防止食品混存污染。

8. 制售过程及刀、墩、案板、盆、框、水池、抹布和冰柜等工具要严格分开。每天加工、制售食品之后应全面清洗炊具、冲刷地面，各种炊事用品按规定存放。

9. 食堂的隔油池、沉淀池必须规范有效，定期清污掏油。

2. 伙食管理员岗位职责牌

伙食管理员岗位职责

1. 主持项目部伙食管理工作。

2. 贯彻执行《中华人民共和国食品卫生法》和有关卫生制度，必须做到各方面卫生符合标准。

3. 做好伙食成本核算，保证饭菜价格合理。

4. 注意营养配餐，做到饭菜多样化。

5. 主副食采购账目清楚。

（三）厕所、浴室标志牌

1. 厕所管理制度牌

厕所管理制度

1. 设有专人打扫，每日早晚各清扫一次。

2. 两天喷洒一次药物，防止蚊蝇蛆孳生。

3. 做到墙面清洁、整洁，无乱写乱画。

4. 厕所保持清洁卫生，无臭无味，保证空气流通清新，环境整洁。

5. 大便槽使用水冲式，便池无害化处理，三池式储粪池，无污水外流，无堵塞，保持清洁无害。

6. 定期、不定期检查，健全卫生制度。

2. 浴室卫生管理制度牌

浴室卫生管理制度

1. 设专人打扫，保证室内外清洁。

2. 浴室内禁止随地吐痰，禁止大小便、洗衣服或洗刷劳动工具。

3. 洗浴人员必须节约用水，浴后应随手关闭水龙头。

4. 爱护浴室内各种设备，严禁破坏。禁止在浴室内追逐打闹。

5. 注意洗浴安全，谨防滑跌伤人。

6. 加强相互监督，对违反制度者，将按文明施工管理规定处以罚款。

六、仓库、料场管理制度标志牌

（一）现场材料管理规范标志牌

现场材料管理规范制度

1. 施工所需各类材料，自进入施工现场保管、使用后，直至工程竣工余料清退出现场前，均属于施工现场材料管理的范畴。

2. 必须由材料库管员进行现场材料的管理工作，材料员的配置应满足生产及管理工作正常运行的要求。

3. 现场要有切实可行的料具管理规划、各种管理制度及办法。在施工平面图中应标明各种料具存放的位置。

4. 项目部材料员必须按施工用料计划严格进行验收，并做好验收记录，有关资料必须齐全。

5. 必须设有两级明细账，现场的库存材料应账物相符，定期进行材料盘点。

6. 项目部材料员负责外欠材料账款的统计、运输单据统计与核实。

7. 施工用料发放规定：

（1）施工现场必须建立限额发料制度和履行出入库手续。

（2）在施工用料中，主要材料和大宗材料必须建立台账。

（3）凡超限额用料，必须查清原因，及时签补限额材料计划单。

（4）及时登记工地材料使用单，及时进行材料核算。

（二）材料验收制度标志牌

材料验收制度

1. 对进场材料的规格、外观、性能、数量要认真验收把关。

2. 建立健全物资进场验收制度，把好物资验收关，确保进场物资达到标准要求，满足工程需要。

3. 对进入现场的各种原材料、成品、半成品，要索取产品质量合格证，建立合格证登记台账。

4. 对验收后的物资进行产品状态标志，应写明生产厂家、生产日期等。

5. 对合格物资的保管，要根据其性能，做好防护措施，保证物资在保管过程中不发生质量问题。

6. 对贵重物品、危险品，按规定把好验收关，及时入库，妥善保存。

7. 对不符合质量或规格、数量要求的料具，有权拒绝验收并报有关负责人。

（三）工具管理制度标志牌

工具管理制度

1. 通用工具的配发由项目部按专业工种一次性配发给班组，按使用期限包干使用。

2. 通用工具管理由材料部门建立班组领用工具台账或工具卡片，由班组负责管理和使用，配发数量及使用期限按料具管理规定执行。

3. 通用工具的维修：在使用期限内的修理费由班组负责控制，超过规定标准的费用从班组工资含量中解决。

4. 配发给各专业工种班组或个人的工具，如丢失、损坏等一律不再无偿补发，维修、购置或租赁的费用一律自理。

5. 随机（车）使用配发的电缆线，焊把线、氧气（乙炔气）软管等均列入班组管理，坚持谁用谁管。

6. 工作调动或变换工种时，要交回原配发的全部工具。

7. 因特殊工程需用特种工具时，由项目工程技术人员提报计划，经主管领导审批，由材料部门采购提供，并建立工具账卡，工程完工后及时收回。

（四）限额领退料制度标志牌

限额领退料制度

1. 严格执行班组限额领料制度，做到领料有手续，发料有依据。

2. 健全班组领料台账，完善管理制度。

3. 领料额度应根据施工预算及实际需要，由工长、材料组长共同研究提出意见，项目经理批准执行。

4. 领料时应出示工长签发的领料单，材料员应在额度范围内发料，按规定办理材料出库和领退料记录等，每月做一次统计结算。

5. 对特殊用品，执行交旧领新的原则，遗失或损坏应酌情赔偿。

6. 节约材料，应及时办理退料入库手续。

7. 材料领出后，由班组负责使用和保管，材料员必须按保管和使用要求对班组进行跟踪检查、监督。

8. 在领、发（或退）料过程中，双方必须办理相关手续，注明用料单位工程和班组、材料名称、规格、数量及领用日期、批准人等，双方需签字认证。

9. 搞好限额领料考评，节约有奖，超用受罚。

（五）贵重物品、易燃、易爆物品管理制度标志牌

贵重物品、易燃、易爆物品管理制度

1. 贵重物品、易燃、易爆物品应及时入库，专库专管，加设明显标志，并建立严格的限额领退料手续。

2. 存放易燃、易爆物品的仓库必须和房屋、交通要道、高压线等保持安全距离，仓库要用砖石砌筑。

3. 库内要有良好的通风条件和湿度表。门窗应向外开，不要使用透明玻璃，垫板的铁钉不能外露。照明要用防爆照明设备和专用启封工具，并应有消防设备。库区应设置"严禁烟火"标志。

4. 有毒物品和危险物品应分别储存在可靠的专设处所，设指定专人负责，严格管理制度。

5. 对有毒或有危险性的废料处理，应在当地公安、卫生机关的指导下进行。

6. 贵重物品、易燃、易爆物品的发放有项目部专人审批，并做好记录。

（六）库存物资盘点检查制度标志牌

库存物资盘点检查制度

1. 每年年底保管员对自己所管物资都要定期盘点一次，并做出明细报表，报上级有关业务部门。

2. 在盘点中发现的差错和盈亏，要查明原因。

3. 对库存物资保管员每月应进行一次自点。在自点中发现的盈亏，要及时查明原因。

4. 自点自查内容如下：

（1）查质量：库存物资的质量是否变化。

（2）查数量：账、卡、物是否一致，单价是否准确。

（3）查保管条件：堆垛是否合理和稳固，苫盖物是否严密，库房有无漏雨，料区有无积水，门窗通风是否良好。

（4）查安全：各种安全措施和消防设备是否符合安全要求。

（5）查计量工具：磅秤、皮尺是否准确，其他工具是否齐全，使用和保养情况是否良好。

（七）仓库收发料制度标志牌

仓库收发料制度

1. 收货时应根据运单及有关资料详细核对品名、规格、数量，注意外观检查，若有短缺损坏情况，应当场要求运输部门检查。凡属他方的责任，应做出详细记录，记录内容与实际情况相符合后方可收货。

2. 核对证件：入库物资在进行验收前，首先要将供货单位提供的质量证明书或合格证、装箱单、磅码单、发货明细等进行核对，看是否与合同相符。

3. 数量验收：数量检验要在物资入库时一次进行，应当采取与供货单位一致的计量方法进行验收，以实际检验的数量为实收数。

4. 质量检验：一般只作外观形状和外观质量检验的物资，可由保管员或验收员自行检查，验后做好记录。凡需要进行物理、化学试验以检查物资理化特性的，应由专门检验部门加以化验和技术测定，并做出详细鉴定记录。

5. 对验收中发现的问题，应及时报有关业务部门。

6. 物资经过验收合格后应及时办理入库手续，进行登账、立卡、建档工作，以便准确地反映库存物资动态。

7. 核对出库凭证：保管员接到出库凭证后，应核对名称、规格、单价等是否准确，印鉴、单据是否齐全，有无涂改现象，检查无误后方可发料。

8. 备料复核：保管员按出库凭证所列的货物逐项进行备料，备完后要进行复核，以防差错。

（八）周转材料使用与维修制度标志牌

周转材料使用与维修制度

1. 建立健全周转材料在使用中的各项规章制度，合理使用周转物资，做到不损坏、不丢失、维修及时、保质保量投入周转使用。

2. 模板使用后，必须及时保养。

3. 对零星配件必须及时回收。

4. 建立周转材料的租赁台账，认真核对，及时结付。

（九）仓库管理制度标志牌

仓库管理制度

1. 建立健全仓库管理制度，严格遵守进发料制度，做到进料按规定验收，按发料单发料，做好明细账。

2. 科学管理，按规格品种分别码放物资。

3. 做到账、物、卡相符合。

4. 做到发料准确迅速。

5. 对特殊物品的保管要做到按其性能分类、分架、分库保管，不得将易燃、易爆危险品与其他物资混放。

6. 做好季节性预防措施。

7. 做好物资质量状态的标志。

8. 保持库房干净、卫生。

9. 做好库房的安全防火工作。

（十）材料节约制度标志牌

材料节约制度

1. 加强对物资的计量管理工作，对进场物资严格验收。

2. 按照施工现场平面图，合理布置物资的存放位置。

3. 严格操作规程，做到用料合理，下料准确。

4. 现场设立分拣站，专人负责，将有用物资及时分拣，回收利用。

5. 做好材料限额领料工作，严格控制非工程用料。

6. 严格执行领发料登记制度，搞好计划用料。

7. 实行材料节约奖励制度。

（十一）材料处罚制度标志牌

材料处罚制度

凡违反现场材料管理制度的，按照规定酌情进行自罚和处罚，负责部门主管应负连带责任。

1. 违反现场材料管理制度而造成现场材料管理混乱的。

2. 未执行限额领料制度的。

3. 由于管理不严而造成材料丢失和损坏的。

4. 由公司检查出问题和失误，责任人不进行自罚，由公司做处罚。

5. 违反材料出入库手续，私自少开、多开或任意涂改的，要全额赔偿并予以辞退，情节严重的，送交公安部门处理。

6. 对进场材料不认真验收，造成经济损失的，其损失由其个人赔偿。

7. 违反操作规程，擅自外借、转租料具造成料具损坏和经济损失的。

8. 违反制度，擅自处理废旧料具及包装容器的。

9. 违反公司制度，以物谋私，给公司造成经济损失的。

10. 违反公司规定私拿回扣的，一经发现要予以辞退，情节严重的送公安机关处理。

第三章 安全操作规程标志牌

一、施工机械安全操作规程标志牌

（一）手持电动工具安全操作规程标志牌

1. 手持电动工具安全操作规程牌

手持电动工具安全操作规程

1. 使用刃具的机具，应保持刃磨锋利，完好无损，安装正确，牢固可靠。

2. 使用砂轮的机具，应检查砂轮与接盘间的软垫并安装稳固，螺帽不得过紧，凡受潮、变形、裂纹、破碎、磕边缺口或接触过油、碱类的砂轮均不得使用，并不得将受潮的砂轮片自行烘干使用。

3. 在潮湿地区或在金属构架、压力容器、管道等导电良好的场所作业时，必须使用双重绝缘或加强绝缘的电动工具。

4. 非金属壳体的电动机、电器，在存放和使用时不应受压、受潮，并不得接触汽油等溶剂。

5. 作业前的检查应符合下列要求：

（1）外壳、手柄不应出现裂缝、破损。

（2）电缆软线及插头等完好无损，开关动作正常，保护接零连接正确、牢固可靠。

（3）各部防护罩齐全牢固，电气保护装置可靠。

6．机具启动后，应空载运转，应检查并确认机具联动灵活无阻。作业时，加力应平稳，不得用力过猛。

7．严禁超载使用。作业中应注意音响及温升，发现异常应立即停机检查。在作业时间过长，机具温升超过 60℃ 时，应停机，自然冷却后再行作业。

8．作业中，不得用手触摸刃具、模具和砂轮，发现其有磨钝、破损情况时，应立即停机修整或更换，然后再继续进行作业。

9．机具转动时，不得撒手不管。

10．使用冲击电钻或电锤时，应符合下列要求：

（1）作业时应掌握电钻或电锤手柄，打孔时将钻头抵在工作表面，然后开动，用力适度，避免晃动；转速若急剧下降，应减少用力，防止电机过载，严禁用木杠加压。

（2）钻孔时，应注意避开混凝土中的钢筋。

（3）电钻和电锤为 40％ 断续工作制，不得长时间连续使用。

（4）作业孔径在 25mm 以上时，应有稳固的作业平台，周围应设护栏。

11．使用瓷片切割机时应符合下列要求：

（1）作业时应防止杂物、泥尘混入电动机内，并应随时观察机壳温度，当机壳温度过高及产生炭刷火花时，应立即停止检查处理。

（2）切割过程中用力应均匀适当，推进刀片时不得用力过猛。当发生刀片卡死时，应立即停机，慢慢退出刀片，应在重新对正后方可再切割。

12．使用角向磨光机时应符合下列要求：

（1）砂轮应选用增强纤维树脂型，其安全线速度不得小于 80m/s。配用的电缆与插头应具有加强绝缘性能，并不得任意更换。

（2）磨削作业时，应使砂轮与工件面保持15°～30°的倾斜位置；切削作业时，砂轮不得倾斜，并不得横向摆动。

13. 使用电剪时应符合下列要求：

（1）作业前应先根据钢板厚度调节刀头间隙量。

（2）作业时不得用力过猛，当遇刀轴往复次数急剧下降时，应立即减少推力。

14. 使用射钉枪时应符合下列要求：

（1）严禁用手掌推压钉管和将枪口对准人。

（2）击发时，应将射钉枪垂直压紧在工作面上，当两次扣动扳机，子弹均不击发时，应保持原射击位置数秒钟后，再退出射钉弹。

（3）在更换零件或断开射钉枪之前，射枪内均不得装有射钉弹。

15. 使用拉铆枪时应符合下列要求：

（1）被铆接物体上的铆钉孔应与铆钉滑配合，并不得过盈量太大。

（2）铆接时，当铆钉轴未拉断时，可重复扣动扳机，直到拉断为止，不得强行扭断或撬断。

（3）作业中，接铆头子或柄帽若有松动，应立即拧紧。

2. 电剪安全操作规程牌

电剪安全操作规程

1. 作业前应先根据钢板厚度调节刀头间隙量。

2. 使用刀具的机具，应保持刃磨锋利、完好无损、安装正确、牢固可靠。

3. 作业前的检查应符合下列要求：

(1) 外壳、手柄不出现裂缝、破损。

(2) 电缆软线及插头等完好无损，开关动作正常，保护接零连接正确、牢固可靠。

(3) 各部防护罩齐全牢固，电气保护装置可靠。

4. 机具启动后，应空载运转，应检查并确认机具联动灵活无阻。作业时，加力应平稳，不得用力过猛。

5. 作业时不得用力过猛，当遇刀轴往复次数急剧下降时，应立即减少推力。

6. 严禁超载使用。作业中应注意音响及温升，发现异常应立即停机检查。在作业时间过长，机具温升超过60℃时，应停机，自然冷却后再行作业。

7. 作业中，不得用手触摸刀具，发现其有磨钝、破损情况时，应立即停机修整或更换，然后再继续进行作业。

8. 机具转动时，不得撒手不管。

3. 射钉枪安全操作规程牌

射钉枪安全操作规程

1. 作业前的检查应符合下列要求：

(1) 外壳、手柄不出现裂缝、破损。

(2) 电缆软线及插头等完好无损，开关动作正常，保护接零连接正确、牢固可靠。

(3) 各部防护罩齐全牢固，电气保护装置可靠。

2. 严禁用手掌推压钉管和将枪口对准人。

3. 击发时，应将射钉枪垂直压紧在工作面上，当两次扣动扳机，子弹均不击发时，应保持原射击位置数秒钟后，再退出射钉弹。

4. 在更换零件或断开射钉枪之前，射枪内均不得装有射钉弹。

5. 严禁超载使用。作业中应注意音响及温升，发现异常应立即停机检查。在作业时间过长，机具温升超过60℃时，应停机，自然冷却后再行作业。

4. 拉铆枪安全操作规程牌

拉铆枪安全操作规程

1. 使用拉铆枪时应符合下列要求：

(1) 被铆接物体上的铆钉孔应与铆钉滑配合，并不得过盈量太大。

(2) 铆接时，当铆钉轴未拉断时，可重复扣动扳机，直到拉断为止，不得强行扭断或撬断。

(3) 作业中，接铆头子或柄帽若有松动，应立即拧紧。

2. 作业前的检查应符合下列要求：

(1) 外壳、手柄不出现裂缝、破损。

(2) 电缆软线及插头等完好无损，开关动作正常，保护接零连接正确、牢固可靠。

(3) 各部防护罩齐全牢固，电气保护装置可靠。

3. 严禁超载使用。作业中应注意音响及温升，发现异常应立即停机检查。在作业时间过长，机具温升超过 60℃ 时，应停机，自然冷却后再行作业。

5. 冲击电钻、电锤安全操作规程牌

冲击电钻、电锤
安全操作规程

1. 作业前的检查应符合下列要求：

（1）外壳、手柄不出现裂缝、破损。

（2）电缆软线及插头等完好无损，开关动作正常，保护接零连接正确、牢固可靠。

（3）各部防护罩齐全牢固，电气保护装置可靠。

2. 机具启动后，应空载运转，应检查并确认机具联动灵活无阻。作业时，加力应平稳，不得用力过猛。

3. 作业时应掌握电钻或电锤手柄，打孔时先将钻头抵在工作表面，然后开动，用力适度，避免晃动；转速若急剧下降，应减少用力，阻止电机过载，严禁用木杠加压。

4. 钻孔时，应注意避开混凝土中的钢筋。

5. 电钻和电锤为 40% 断续工作制，不得长时间连续使用。

6. 作业孔径在 25mm 以上时，应有稳固的作业平台，周围应设护栏。

7. 严禁超载使用。作业中应注意音响及温升，发现异常应立即停机检查。在作业时间过长，机具温升超过 60℃ 时，应停机，自然冷却后再行作业。

8. 作业中，不得用手触摸刃具、模具和砂轮，发现其有磨钝、破损情况时，应立即停机修整或更换，然后再继续进行作业。

9. 机具转动时，不得撒手不管。

（二）起重机械安全操作规程标志牌

1. 塔式起重机安全操作规程牌

塔式起重机安全操作规程

1. 起重吊装的指挥人员必须持证上岗，作业时应与操作人员密切配合，执行规定的指挥信号。操作人员应按照指挥人员的信号进行作业，当信号不清或错误时，操作人员可拒绝执行。

2. 起重机作业前，应检查轨道基础平直无沉陷，鱼尾板连接螺栓及道钉无松动，并应清除轨道上的障碍物，松开夹轨器并向上固定好。

3. 启动前重点检查项目应符合下列要求：

（1）金属结构和工作机构的外观情况正常。

（2）各安全装置和各指示仪表齐全完好。

（3）各齿轮箱、液压油箱的油位符合规定。

（4）主要部位连接螺栓无松动。

（5）钢丝绳磨损情况及各滑轮穿绕符合规定。

（6）供电电缆无破损。

4. 送电前，各控制器手柄应在零位。当接通电源时，应采用试电笔检查金属结构部分，确认无漏电后，方可上机。

5. 作业前，应进行空载运转，试验各工作机构是否运转正常，有无噪声及异响，各机构的制动器及安全防护装置是否有效，确认正常后方可作业。

6. 起吊重物时，重物和吊具的总重量不得超过起重机相应幅度下规定的起重量。

7. 应根据起吊重物和现场情况，选择适当的工作速度，操纵各控制器时应从停止点（零点）开始，依次逐级增加速度，严禁越挡操作。在变换运转方向时，应将控制器手柄扳到零位，待电动机停转后再转向另一方向，不得直接变换运转方向、突然变速或制动。

8. 在吊钩提升、起重小车或行走大车运行到限位装置前，均应减速缓行到停止位置，并应与限位装置保持一定距离（吊钩不得小于1m，行走轮不得小于2m）。严禁采用限位装置作为停止运行的控制开关。

9. 动臂式起重机的起升、回转、行走可同时进行，变幅应单独进行。每次变幅后应对变幅部位进行检查。允许带载变幅的，当载荷达到额定起重量的90%及以上时，严禁变幅。

10. 提升重物，严禁自由下降。重物就位时，可采用慢就位机构或利用制动器使之缓慢下降。

11. 提升重物作水平移动时，应高出其跨越的障碍物0.5m以上。

12. 对于无中央集电环及起升机构不安装在回转部分的起重机，在作业时，不得顺一个方向连续回转。

13. 装有上、下两套操纵系统的起重机，不得上、下同时使用。

14. 作业中，当停电或电压下降时，应立即将控制器扳到零位，并切断电源。如吊钩上挂有重物，应稍松稍紧反复使用制动器，使重物缓慢地下降到安全地带。

15. 采用涡流制动调速系统的起重机，不得长时间使用低速挡或慢就位速度作业。

16. 作业中如遇六级及以上大风或阵风，应立即停止作业，锁紧夹轨器，将回转机构的制动器完全松开，起重臂应能随风转动。对轻型俯仰变幅起重机，应将起重臂落下并与塔身结构锁紧在一起。

17. 作业中，操作人员临时离开操纵室时，必须切断电源，锁紧夹轨器。

18. 起重机载人专用电梯严禁超员，其断绳保护装置必须可靠。当起重机作业时，严禁开动电梯。电梯停用时，应降至塔身底部位置，不得长时间悬在空中。

19. 起重机的变幅指示器、力矩限制器、起重量限制器以及各种行程限位开关等安全保护装置，应完好齐全、灵敏可靠，不得随意调整或拆除。严禁利用限制器和限位装置代替操纵机构。

20. 起重机作业时，起重臂和重物下方严禁有人停留、工作或通过。重物吊运时，严禁从人上方通过。严禁用起重机载运人员。

21. 严禁使用起重机进行斜拉、斜吊和起吊地下埋设或凝固在地面上的重物以及其他不明重量的物体。现场浇筑的混凝土构件或模板，必须全部松动后方可起吊。

22. 严禁起吊重物长时间悬停在空中，作业中遇突发故障，应采取措施将重物降落到安全地方，并关闭发动机或切断电源后进行检修。在突然停电时，应立即把所有控制器拨到零位，断开电源总开关，并采取措施使重物降到地面。

23. 操纵室远离地面的起重机，在正常指挥发生困难时，地面及作业层（高空）的指挥人员均应采用对讲机等有效的通讯联络进行指挥。

24. 作业完毕后，起重机应停放在轨道中间位置，起重臂应转到顺风方向，并松开回转制动器，小车及平衡重应置于非工作状态，吊钩直升到离起重臂顶端2～3m处。

25. 停机时，应将每个控制器拨回零位，依次断开各开关，关闭操纵室门窗，下机后，应锁紧夹轨器，使起重机与轨道固定，断开电源总开关，打开高空指示灯。

26. 检修人员上塔身、起重臂、平衡臂等高空部位检查或修理时，必须系好安全带。

27. 在寒冷季节，对停用起重机的电动机、电器柜、变阻器箱、制动器等，应严密遮盖。

28. 动臂式和尚未附着的自升式塔式起重机，塔身上不得悬挂标语牌。

2. 卷扬机安全操作规程牌

卷扬机安全操作规程

1. 卷扬机地基与基础应平整、坚实，场地应排水畅通，地锚应设置可靠。卷扬机应搭设防护棚。

2. 操作人员的位置应在安全区域，视线应良好。

3. 卷扬机卷筒中心线与导向滑轮的轴线应垂直，且导向滑轮的轴线应在卷筒中心位置，钢丝绳的出绳偏角应符合下表中的规定。

卷扬机钢丝绳出绳偏角限值

排绳方式	槽面卷筒	光面卷筒	
		自然排绳	排绳器排绳
出绳偏角	≤4°	≤2°	≤4°

4. 作业前，应检查卷扬机与地面的固定、弹性联轴器的连接应牢固，并应检查安全装置、防护设施、电气线路、接零或接地装置、制动装置和钢丝绳等并确认全部合格后再使用。

5. 卷扬机至少应装有一个常闭式制动器。

6. 卷扬机的传动部分及外露的运动件应设防护罩。

7. 卷扬机应在司机操作方便的地方安装能迅速切断总控制电源的紧急断电开关，并不得使用倒顺开关。

8. 钢丝绳卷绕在卷筒上的安全圈数不得少于3圈。钢丝绳末端应固定可靠。不得用手拉钢丝绳的方法卷绕钢丝绳。

9. 钢丝绳不得与机架、地面摩擦，通过道路时，应设过路保护装置。

10. 建筑施工现场不得使用摩擦式卷扬机。

11. 卷筒上的钢丝绳应排列整齐，当重叠或斜绕时，应停机重新排列，不得在转动中用手拉脚踩钢丝绳。

12. 作业中，操作人员不得离开卷扬机，物件或吊笼下面不得有人员停留或通过。休息时，应将物件或吊笼降至地面。

13. 作业中如发现异响、制动失灵、制动带或轴承等温度剧烈上升等异常情况时，应立即停机检查，排除故障后再使用。

14. 作业中停电时，应将控制手柄或按钮置于零位，并应切断电源，将物件或吊笼降至地面。

15. 作业完毕，应将物件或吊笼降至地面，并应切断电源，锁好开关箱。

3. 施工升降机安全操作规程牌

施工升降机安全操作规程

1. 施工升降机基础应符合使用说明书要求，当使用说明书无要求时，应经专项设计计算，地基上表面平整度允许偏差为 10mm，场地应排水通畅。

2. 施工升降机导轨架的纵向中心线至建筑物外墙面的距离宜选用使用说明书中提供的较小的安装尺寸。

3. 安装导轨架时，应采用经纬仪在两个方向进行测量校准。其垂直度允许偏差应符合下表中的规定。

施工升降机导轨架垂直度

架设高度 H（m）	$H \leqslant 70$	$70 < H \leqslant 100$	$100 < H \leqslant 150$	$150 < H \leqslant 200$	$H > 200$
垂直度偏差（mm）	$\leqslant 1/1000H$	$\leqslant 70$	$\leqslant 90$	$\leqslant 110$	$\leqslant 130$

4. 导轨架自由高度、导轨架的附墙距离、导轨架的两附墙连接点间距离和最低附墙点高度不得超过使用说明书的规定。

5. 施工升降机应设置专用开关箱，馈电容量应满足升降机直接启动的要求，生产厂家配置的电气箱内应装设短路、过载、错相、断相及零位保护装置。

6. 施工升降机周围应设置稳固的防护围栏。楼层平台通道应平整牢固，出入口应设防护门。全行程不得有危害安全运行的障碍物。

7. 施工升降机安装在建筑物内部井道中时，各楼层门应封闭并应有电气连锁装置。装设在阴暗处或夜班作业的施工升降机，在全行程上应有足够的照明，并应装设明亮的楼层编号标志灯。

8. 施工升降机的防坠安全器应在标定期限内使用，标定期限不应超过一年。使用中不得任意拆检调整防坠安全器。

9. 施工升降机使用前，应进行坠落试验。施工升降机在使用中每隔 3 个月，应进行一次额定载重量的坠落试验，试验程序应按使用说明书规定进行，吊笼坠落试验制动距离应符合现行行业标准《施工升降机齿轮锥鼓形渐进式防坠安全器》(JG 121) 的规定。防坠安全器试验后及正常操作中，每发生一次防坠动作，应由专业人员进行复位。

10. 作业前应重点检查下列项目，并应符合相应要求：

(1) 结构不得有变形，连接螺栓不得松动。

(2) 齿条与齿轮、导向轮与导轨应接合正常。

(3) 钢丝绳应固定良好，不得有异常磨损。

(4) 运行范围内不得有障碍。

(5) 安全保护装置应灵敏可靠。

11. 启动前，应检查并确认供电系统、接地装置安全有效，控制开关应在零位。电源接通后，应检查并确认电压正常。应试验并确认各限位装置、吊笼、围护门等处的电气连锁装置良好可靠，电气仪表应灵敏有效。作业前应进行试运行，测定各机构制动器的效能。

12. 施工升降机应按使用说明书的要求进行维护保养，并应定期检验制动器的可靠性，制动力矩应达到使用说明书要求。

13. 吊笼内乘人或载物时，应使载荷均匀分布，不得偏重，不得超载运行。

14. 操作人员应按指挥信号操作。作业前应鸣笛示警。在施工升降机未切断总电源开关前，操作人员不得离开操作岗位。

15. 施工升降机运行中发现有异常情况时，应立即停机并采取有效措施将吊笼就近停靠楼层，排除故障后再继续运行。在运行中发现电气失控时，应立即按下急停按钮，在未排除故障前，不得打开急停按钮。

16. 在风速达到 20m/s 及以上大风、大雨、大雾天气以及导轨架、电缆等结冰时，施工升降机应停止运行，并将吊笼降到底层，切断电源。暴风雨等恶劣天气后，应对施工升降机各有关安全装置等进行一次检查，并确认正常后运行。

17. 施工升降机运行到最上层或最下层时，不得用行程限位开关作为停止运行的控制开关。

18. 当施工升降机在运行中由于断电或其他原因而中途停止时，可进行手动下降，将电动机尾端制动电磁铁手动释放拉手缓缓向外拉出，使吊笼缓慢地向下滑行。吊笼下滑时，不得超过额定运行速度，手动下降应由专业维修人员进行操纵。

19. 当需在吊笼的外面进行检修时，另外一个吊笼应停机配合，检修时应切断电源，并应有专人监护。

20. 作业后，应将吊笼降到底层，各控制开关拨到零位，切断电源，锁好开关箱，闭锁吊笼门和围护门。

（三）混凝土机械安全操作规程标志牌

1. 混凝土搅拌机安全操作流规程牌

混凝土搅拌机安全操作规程

1. 作业区应排水通畅，并应设置沉淀池及防尘设施。

2. 操作人员视线应良好。操作台应铺设绝缘垫板。

3. 作业前应重点检查下列项目，并应符合相应要求：

（1）料斗上、下限位装置应灵敏有效，保险销、保险链应齐全完好。钢丝绳报废应按现行国家标准《起重机钢丝绳 保养、维护、安装、检验和报废》（GB/T 5972）的规定执行。

（2）制动器、离合器应灵敏可靠。

（3）各传动机构、工作装置应正常。开式齿轮、皮带轮等传动装置的安全防护罩应齐全可靠。齿轮箱、液压油箱内的油质和油量应符合要求。

（4）搅拌筒与托轮接触应良好，不得窜动、跑偏。

（5）搅拌筒内叶片应紧固，不得松动，叶片与衬板间隙应符合说明书规定。

（6）搅拌机开关箱应设置在距搅拌机5m的范围内。

4. 作业前应进行空载运转，确认搅拌筒或叶片运转方向正确。反转出料的搅拌机应进行正、反转运转。空载运转时，不得有冲击现象和异常声响。

5. 供水系统的仪表计量应准确，水泵、管道等部件应连接可靠，不得有泄漏。

6. 搅拌机不宜带载启动，在达到正常转速后上料，上料量及上料程序应符合使用说明书的规定。

7. 料斗提升时，人员严禁在料斗下停留或通过；当需在料斗下方进行清理或检修时，应将料斗提升至上止点，并必须用保险销锁牢或用保险链挂牢。

8. 搅拌机运转时，不得进行维修、清理工作。当作业人员需进入搅拌筒内作业时，应先切断电源，锁好开关箱，悬挂"禁止合闸"的警示牌，并应派专人监护。

9. 作业完毕，宜将料斗降到最低位置，并应切断电源。

2. 混凝土输送泵安全操作规程牌

混凝土输送泵安全操作规程

1. 混凝土输送泵应安放在平整、坚实的地面上，周围不得有障碍物，支腿应支设牢靠，机身应保持水平和稳定，轮胎应揳紧。

2. 混凝土输送管道的敷设应符合下列规定：

(1) 管道敷设前应检查并确认管壁的磨损量应符合使用说明书的要求，管道不得有裂纹、砂眼等缺陷。新管或磨损量较小的管道应敷设在泵出口处。

(2) 管道应使用支架或与建筑结构固定牢固。泵出口处的管道底部应依据泵送高度、混凝土排量等设置独立的基础，并能承受相应荷载。

(3) 敷设垂直向上的管道时，垂直管不得直接与泵的输出口连接，应在泵与垂直管之间敷设长度不小于 15m 的水平管，并加装逆止阀。

(4) 敷设向下倾斜的管道时，应在泵与斜管之间敷设长度不小于 5 倍落差的水平管。当倾斜度大于 7°时，应加装排气阀。

3. 作业前应检查并确认管道连接处管卡扣牢，不得泄漏。混凝土输送泵的安全防护装置应齐全可靠，各部位操纵开关、手柄等位置应正确，搅拌斗防护网应完好牢固。

4. 砂石粒径、水泥强度等级及配合比应符合出厂规定，并应满足混凝土泵的泵送要求。

5. 混凝土泵启动后，应空载运转，观察各仪表的指示值，检查泵和搅拌装置的运转情况，并确认一切正常后作业。泵送前应向料斗加入清水和水泥砂浆润滑泵及管道。

6. 混凝土泵在开始或停止泵送混凝土前，作业人员应与出料软管保持安全距离，作业人员不得在出料口下方停留。出料软管不得埋在混凝土中。

7. 泵送混凝土的排量、浇筑顺序应符合混凝土浇筑施工方案的要求。施工荷载应控制在允许范围内。

8. 混凝土泵工作时，料斗中混凝土应保持在搅拌轴线以上，不应吸空或无料泵送。

9. 混凝土泵工作时，不得进行维修作业。

10. 混凝土泵作业中，应对泵送设备和管路进行观察，发现隐患应及时处理。对磨损超过规定的管子、卡箍、密封圈等应及时更换。

11. 混凝土泵作业后应将料斗和管道内的混凝土全部排出，并对泵、料斗、管道进行清洗。清洗作业应按说明书要求进行。不宜采用压缩空气进行清洗。

12. 不得接长布料配管和布料软管。

3. 插入式振捣器安全操作规程牌

插入式振捣器安全操作规程

1. 作业前应检查电动机、软管、电缆线、控制开关等，并应确认处于完好状态。电缆线连接应正确。

2. 操作人员作业时应穿戴符合要求的绝缘鞋和绝缘手套。

3. 电缆线应采用耐候型橡皮护套铜芯软电缆，并不得有接头。

4. 电缆线长度不应大于 30m。不得缠绕、扭结和挤压，并不得承受任何外力。

5. 振捣器软管的弯曲半径不得小于 500mm，操作时应将振捣器垂直插入混凝土，深度不宜超过 600mm。

6. 振捣器不得在初凝的混凝土、脚手板和干硬的地面上进行试振。在检修或作业间断时，应切断电源。

7. 作业完毕，应切断电源，并应将电动机、软管及振动棒清理干净。

4. 附着式、平板式振捣器安全操作规程牌

附着式、平板式振捣器
安全操作规程

1. 作业前应检查电动机、电源线、控制开关等，并确认完好无破损。附着式振捣器的安装位置应正确，连接应牢固，并应安装减振装置。

2. 操作人员穿戴应符合《JGJ 33—2012》第8.6.2条的要求。

3. 平板式振捣器应采用耐气候型橡皮护套铜芯软电缆，并不得有接头和承受任何外力，其长度不应超过30m。

4. 附着式、平板式振捣器的轴承不应承受轴向力，振捣器使用时，应保持振捣器电动机轴线在水平状态。

5. 附着式、平板式振捣器的使用应符合《JGJ 33—2012》规程第8.6.6条的规定。

6. 平板式振捣器作业时应使用牵引绳控制移动速度，不得牵拉电缆。

7. 在同一块混凝土模板上同时使用多台附着式振捣器时，各振动器的振频应一致，安装位置宜交错设置。

8. 安装在混凝土模板上的附着式振捣器，每次作业时间应根据施工方案确定。

9. 作业完毕，应切断电源，并应将振捣器清理干净。

5. 混凝土振动台安全操作规程牌

混凝土振动台安全操作规程

1. 作业前应检查电动机、传动及防护装置，并确认完好有效。轴承座、偏心块及机座螺栓应紧固牢靠。

2. 振动台应设有可靠的锁紧夹，振动时应将混凝土槽锁紧，混凝土模板在振动台上不得无约束振动。

3. 振动台电缆应穿在电管内，并预埋牢固。

4. 作业前应检查并确认润滑油不得有泄漏，油温、传动装置应符合要求。

5. 在作业过程中，不得调节预置拨码开关。

6. 振动台应保持清洁。

6. 混凝土喷射机安全操作规程牌

混凝土喷射机安全操作规程

1. 喷射机风源、电源、水源、加料设备等应配套齐全。

2. 管道应安装正确，连接处应紧固密封。当管道通过道路时，管道应有保护措施。

3. 喷射机内部应保持干燥和清洁。应按出厂说明书规定的配合比配料，不得使用结块的水泥和未经筛选的砂石。

4. 作业前应重点检查下列项目，并应符合相应要求：

(1) 安全阀应灵敏可靠。

(2) 电源线应无破损现象，接线应牢靠。

(3) 各部密封件应密封良好，橡胶结合板和旋转板上出现的明显沟槽应及时修复。

(4) 压力表指针显示应正常。应根据输送距离，及时调整风压的上限值。

(5) 喷枪水环管应保持畅通。

5. 启动时，应按顺序分别接通风、水、电。开启进气阀时，应逐步达到额定压力。启动电动机后，应空载试运转，确认一切正常后方可投料作业。

6. 机械操作人员和喷射作业人员应有信号联系，送风、加料、停料、停风及发生堵塞时，应联系畅通，密切配合。

7. 喷嘴前方不得有人员。

8. 发生堵管时，应先停止喂料，敲击堵塞部位，使物料松散，然后用压缩空气吹通。操作人员作业时，应紧握喷嘴，不得甩动管道。

9. 作业时，输送软管不得随地拖拉和折弯。

10. 停机时，应先停止加料，再关闭电动机，然后停止供水，最后停送压缩空气，并应将仓内及输料管内的混合料全部喷出。

11. 停机后，应将输料管、喷嘴拆下清洗干净，清除机身内外粘附的混凝土料及杂物，并应使密封件处于放松状态。

（四）钢筋加工机械安全操作规程标志牌

1. 钢筋调直切断机安全操作规程牌

钢筋调直切断机安全操作规程

1. 料架、料槽应安装平直，并应与导向筒、调直筒和下切刀孔的中心线一致。

2. 切断机安装后，应用手转动飞轮，检查传动机构和工作装置，并及时调整间隙，紧固螺栓。在检查并确认电气系统正常后，进行空运转。切断机空运转时，齿轮应啮合良好，并不得有异响，确认正常后开始作业。

3. 作业时，应按钢筋的直径，选用适当的调直块、曳引轮槽及传动速度。调直块的孔径应比钢筋直径大2～5mm。曳引轮槽宽应和所需调直钢筋的直径相符合。大直径钢筋宜选用较慢的传动速度。

4. 在调直块未固定或防护罩未盖好前，不得送料。作业中，不得打开防护罩。

5. 送料前，应将弯曲的钢筋端头切除。导向筒前应安装一根长度宜为1m的钢管。

6. 钢筋送入后，手应与曳轮保持安全距离。

7. 当调直后的钢筋仍有慢弯时，可逐渐加大调直块的偏移量，直到调直为止。

8. 切断3～4根钢筋后，应停机检查钢筋长度，当超过允许偏差时，应及时调整限位开关或定尺板。

2. 钢筋切断机安全操作规程牌

钢筋切断机安全操作规程

1. 接送料的工作台面应和切刀下部保持水平，工作台的长度应根据加工材料长度确定。

2. 启动前，应检查并确认切刀不得有裂纹，刀架螺栓应紧固，防护罩应牢靠。应用手转动皮带轮，检查齿轮啮合间隙，并及时调整。

3. 启动后，应先空运转，检查并确认各传动部分及轴承运转正常后，开始作业。

4. 机械未达到正常转速前，不得切料。操作人员应使用切刀的中、下部位切料，应紧握钢筋对准刃口迅速投入，并应站在固定刀片一侧用力压住钢筋，防止钢筋末端弹出伤人。不得用双手分在刀片两边握住钢筋切料。

5. 操作人员不得剪切超过机械性能规定强度及直径的钢筋或烧红的钢筋。一次切断多根钢筋时，其总截面积应在规定范围内。

6. 剪切低合金钢筋时，应更换高硬度切刀，剪切直径应符合机械性能的规定。

7. 切断短料时，手和切刀之间的距离应大于150mm，并应采用套管或夹具将切断的短料压住或夹牢。

8. 机械运转中，不得用手直接清除切刀附近的断头和杂物。在钢筋摆动范围和机械周围，非操作人员不得停留。

9. 当发现机械有异常响声或切刀歪斜等不正常现象时，应立即停机检修。

10. 液压式切断机启动前，应检查并确认液压油位符合规定。切断机启动后，应空载运转，检查并确认电动机旋转方向应符合规定，并应打开放油阀，在排净液压缸体内的空气后开始作业。

11. 手动液压式切断机使用前，应将放油阀按顺时针方向旋紧，作业完毕后，应立即按逆时针方向旋松。

3. 钢筋弯曲机安全操作规程牌

钢筋弯曲机安全操作规程

1. 工作台和弯曲机台面应保持水平。

2. 作业前应准备好各种芯轴及工具，并应按加工钢筋的直径和弯曲半径的要求，装好相应规格的芯轴和成型轴、挡铁轴。

3. 芯轴直径应为钢筋直径的 2.5 倍。挡铁轴应有轴套。挡铁轴的直径和强度不得小于被弯钢筋的直径和强度。

4. 启动前，应检查并确认芯轴、挡铁轴、转盘等不得有裂纹和损伤，防护罩应有效。在空载运转并确认正常后，开始作业。

5. 作业时，应将需弯曲的一端钢筋插入在转盘固定销的间隙内，将另一端紧靠机身固定销，并用手压紧，在检查并确认机身固定销安放在挡住钢筋的一侧后，启动机械。

6. 弯曲作业时，不得更换轴芯、销子和变换角度以及调速，不得进行清扫和加油。

7. 对超过机械铭牌规定直径的钢筋不得进行弯曲。在弯曲未经冷拉或带有锈皮的钢筋时，应戴防护镜。

8. 在弯曲高强度钢筋时，应进行钢筋直径换算，钢筋直径不得超过机械允许的最大弯曲能力，并应及时调换相应的芯轴。

9. 操作人员应站在机身设有固定销的一侧。成品钢筋应堆放整齐，弯钩不得朝上。

10. 转盘换向应在弯曲机停稳后进行。

4. 钢筋冷拉机安全操作规程牌

钢筋冷拉机安全操作规程

1. 应根据冷拉钢筋的直径，合理选用冷拉卷扬机。卷扬钢丝绳应经封闭式导向滑轮，并应和被拉钢筋成直角。操作人员应能见到全部冷拉场地。卷扬机与冷拉中心线距离不得小于5m。

2. 冷拉场地应设置警戒区，并应安装防护栏及警告标志。非操作人员不得进入警戒区。作业时，操作人员与受拉钢筋的距离应大于2m。

3. 采用配重控制的冷拉机应有指示起落的记号或专人指挥。冷拉机的滑轮、钢丝绳应相匹配。配重提起时，配重离地高度应小于300mm。配重架四周应设置防护栏杆及警告标志。

4. 作业前，应检查冷拉机，夹齿应完好；滑轮、拖拉小车应润滑灵活；拉钩、地锚及防护装置应齐全牢固。

5. 采用延伸率控制的冷拉机，应设置明显的限位标志，并应有专人负责指挥。

6. 照明设施宜设置在张拉警戒区外。当需设置在警戒区内时，照明设施安装高度应大于5m，并应有防护罩。

7. 作业后，应放松卷扬钢丝绳，落下配重，切断电源，并锁好开关箱。

5. 钢筋冷拔机安全操作规程牌

钢筋冷拔机安全操作规程

1. 启动机械前，应检查并确认机械各部连接应牢固，模具不得有裂纹，轧头与模具的规格应配套。

2. 钢筋冷拔量应符合机械出厂说明书的规定。机械出厂说明书未作规定时，可按每次冷拔缩减模具孔径 0.5～1.0mm 进行。

3. 轧头时，应先将钢筋的一端穿过模具，钢筋穿过的长度宜为 100～150mm，再用夹具夹牢。

4. 作业时，操作人员的手与轧辊应保持 300～500mm 的距离。不得用手直接接触钢筋和滚筒。

5. 冷拔模架中应随时加足润滑剂，润滑剂可采用石灰和肥皂水调和晒干后的粉末。

6. 当钢筋的末端通过冷拔模后，应立即脱开离合器，同时用手闸挡住钢筋末端。

7. 冷拔过程中，当出现断丝或钢筋打结乱盘时，应立即停机处理。

6. 钢筋除锈机安全操作规程牌

钢筋除锈机安全操作规程

1. 作业前应检查并确认钢丝刷应固定牢靠，传动部分应润滑充分，封闭式防护罩及排尘装置等应完好。

2. 操作人员应束紧袖口，并应佩戴防尘口罩、手套和防护眼镜。

3. 带弯钩的钢筋不得上机除锈。弯度较大的钢筋宜在调直后除锈。

4. 操作时，应将钢筋放平，并侧身送料。不得在除锈机正面站人。较长钢筋除锈时，应有 2 人配合操作。

（五）木工机械安全操作规程标志牌

1. 带锯机安全操作规程牌

带锯机安全操作规程

1. 作业前，应对锯条及锯条安装质量进行检查。锯条齿侧或锯条接头处的裂纹长度超过 10mm、连续缺齿两个和接头超过两处的锯条不得使用。当锯条裂纹长度在 10mm 以下时，应在裂纹终端冲一止裂孔。锯条松紧度应调整适当。带锯机启动后，应空载试运转，并应确认运转正常，无串条现象后，开始作业。

2. 作业中，操作人员应站在带锯机的两侧，跑车开动后，行程范围内的轨道周围不应站人，不应在运行中跑车。

3. 原木进锯前，应调好尺寸，进锯后不得调整。进锯速度应均匀。

4. 倒车应在木材的尾端越过锯条 500mm 后进行，倒车速度不宜过快。

5. 平台式带锯作业时，送接料应配合一致。送料、接料时不得将手送进台面。锯短料时，应采用推棍送料。回送木料时，应离开锯条 50mm 及以上。

6. 带锯机运转中，当木屑堵塞吸尘管口时，不得清理管口。

7. 作业中，应根据锯条的宽度与厚度及时调节挡位或增减带锯机的压砣（重锤）。当发生锯条口松或串条等现象时，不得用增加压砣（重锤）重量的办法进行调整。

2.圆盘锯安全操作规程牌

圆盘锯安全操作规程

1.木工圆锯机上的旋转锯片必须设置防护罩。

2.安装锯片时，锯片应与轴同心，夹持锯片的法兰盘直径应为锯片直径的1/4。

3.锯片不得有裂纹。锯片不得有连续2个及以上的缺齿。

4.被锯木料的长度不应小于500mm。作业时，锯片应露出木料10～20mm。

5.送料时，不得将木料左右晃动或抬高；遇木节时，应缓慢送料；接近端头时，应采用推棍送料。

6.当锯线走偏时，应逐渐纠正，不得猛扳，以防止损坏锯片。

7.作业时，操作人员应戴防护眼镜，手臂不得跨越锯片，人员不得站在锯片的旋转方向。

3. 平面刨（手压刨）安全操作规程牌

平面刨（手压刨）安全操作规程

1. 刨料时，应保持身体平稳，用双手操作。刨大面时，手应按在木料上面；刨小料时，手指不得低于料高一半。手不得在料后推料。

2. 当被刨木料的厚度小于30mm，或长度小于400mm时，应采用压板或推棍推进。厚度小于15mm，或长度小于250mm的木料，不得在手压刨上加工。

3. 刨旧料前，应将料上的钉子、泥砂清除干净。被刨木料如有破裂或硬节等缺陷时，应处理后再施刨。遇木槎、节疤应缓慢送料。不得将手按在节疤上强行送料。

4. 刀片、刀片螺钉的厚度和重量应一致，刀架与夹板应吻合贴紧，刀片焊缝超出刀头或有裂缝的刀具不应使用。刀片紧固螺钉应嵌入刀片槽内，并离刀背不得小于10mm。刀片紧固力应符合使用说明书的规定。

5. 机械运转时，不得将手伸进安全挡板里侧去移动挡板或拆除安全挡板。

（六）焊接机械安全操作规程标志牌

1. 交（直）流焊机安全操作规程牌

交（直）流焊机安全操作规程

1. 使用前，应检查并确认初、次级线接线正确，输入电压符合电焊机的铭牌规定，接线螺母、螺栓及其他部件完好齐全，不得松动或损坏。直流焊机换向器与电刷接触应良好。

2. 当多台焊机在同一场地作业时，相互间距不应小于600mm，应逐台启动，并应使三相负载保持平衡。多台焊机的接地装置不得串联。

3. 移动电焊机或停电时，应切断电源，不得用拖拉电缆的方法移动焊机。

4. 调节焊接电流和极性开关应在卸除负荷后进行。

5. 硅整流直流电焊机主变压器的次级线圈和控制变压器的次级线圈不得用摇表测试。

6. 长期停用的焊机启用时，应空载通电一定时间，进行干燥处理。

2. 氩弧焊机安全操作规程牌

氩弧焊机安全操作规程

1. 作业前，应检查并确认接地装置安全可靠，气管、水管应通畅，不得有外漏。工作场所应有良好的通风措施。

2. 应先根据焊件的材质、尺寸、形状，确定极性，再选择焊机的电压、电流和氩气的流量。

3. 安装氩气表、氩气减压阀、管接头等配件时，不得粘有油脂，并应拧紧丝扣（至少5扣）。开气时，严禁身体对准氩气表和气瓶节门，应防止氩气表和气瓶节门打开伤人。

4. 水冷型焊机应保持冷却水清洁。在焊接过程中，冷却水的流量应正常，不得断水施焊。

5. 焊机的高频防护装置应良好；振荡器电源线路中的连锁开关不得分接。

6. 使用氩弧焊时，操作人员应戴防毒面罩。应根据焊接厚度确定钨极粗细，更换钨极时，必须切断电源。磨削钨极端头时，应设有通风装置，操作人员应佩戴手套和口罩，磨削下来的粉尘，应及时清除。钍、铈、钨极不得随身携带，应贮存在铅盒内。

7. 焊机附近不宜有振动。焊机上及周围不得放置易燃、易爆或导电物品。

8. 氮气瓶和氩气瓶与焊接地点应相距3m以上，并应直立固定放置。

9. 作业后，应切断电源，关闭水源和气源。焊接人员应及时脱去工作服，清洗外露的皮肤。

3. 点焊机安全操作规程牌

点焊机安全操作规程

1. 作业前，应清除上下两电极的油污。

2. 作业前，应先接通控制线路的转向开关和焊接电流的开关，调整好极数，再接通水源、气源，最后接通电源。

3. 焊机通电后，应检查并确认电气设备、操作机构、冷却系统、气路系统工作正常，不得有漏电现象。

4. 作业时，气路、水冷系统应畅通。气体应保持干燥。排水温度不得超过 40℃，排水量可根据水温调节。

5. 严禁在引燃电路中加大熔断器。当负载过小，引燃管内电弧不能发生时，不得闭合控制箱的引燃电路。

6. 正常工作的控制箱的预热时间不得少于 5min。当控制箱长期停用时，每月应通电加热 30min。更换闸流管前，应预热 30min。

4. 二氧化碳气体保护焊机安全操作规程牌

二氧化碳气体保护焊机
安全操作规程

1. 作业前，二氧化碳气体应按规定进行预热。开气时，操作人员必须站在瓶嘴的侧面。

2. 作业前，应检查并确认焊丝的进给机构、电线的连接部分、二氧化碳气体的供应系统及冷却水循环系统符合要求，焊枪冷却水系统不得漏水。

3. 二氧化碳气瓶宜存放在阴凉处，不得靠近热源，并应放置牢靠。

4. 二氧化碳气体预热器端的电压，不得大于36V。

5. 埋弧焊机安全操作规程牌

埋弧焊机安全操作规程

1. 作业前，应检查并确认各导线连接应良好；控制箱的外壳和接线板上的罩壳应完好；送丝滚轮的沟槽及齿纹应完好；滚轮、导电嘴（块）不得有过度磨损，接触应良好；减速箱润滑油应正常。

2. 软管式送丝机构的软管槽孔应保持清洁，并定期吹洗。

3. 在焊接中，应保持焊剂连续覆盖，以免焊剂中断露出电弧。

4. 在焊机工作时，手不得触及送丝机构的滚轮。

5. 作业时，应及时排走焊接中产生的有害气体，在通风不良的室内或容器内作业时，应安装通风设备。

6. 对焊机安全操作规程牌

对焊机安全操作规程

1. 对焊机应安置在室内或防雨的工棚内，并应有可靠的接地或接零。当多台对焊机并列安装时，相互间距不得小于 3m，并应分别接在不同相位的电网上，分别设置各自的断路器。

2. 焊接前，应检查并确认对焊机的压力机构应灵活，夹具应牢固，气压、液压系统不得有泄漏。

3. 焊接前，应根据所焊接钢筋的截面，调整二次电压，不得焊接超过对焊机规定直径的钢筋。

4. 断路器的接触点、电极应定期光磨，二次电路连接螺栓应定期紧固。冷却水温度不得超过 40℃；排水量应根据温度调节。

5. 焊接较长钢筋时，应设置托架。

6. 闪光区应设挡板，与焊接无关的人员不得入内。

7. 冬期施焊时，温度不应低于 8℃。作业后，应放尽机内冷却水。

7. 竖向钢筋电渣压力焊机安全操作规程牌

竖向钢筋电渣压力焊机
安全操作规程

1. 应根据施焊钢筋直径选择具有足够输出电流的电焊机。电源电缆和控制电缆连接应正确、牢固。焊机及控制箱的外壳应接地或接零。

2. 作业前,应检查供电电压并确认正常,当一次电压降大于8%时,不宜焊接。焊接导线长度不得大于30m。

3. 作业前,应检查并确认控制电路正常,定时应准确,误差不得大于5%,机具的传动系统、夹装系统及焊钳的转动部分应灵活自如,焊剂应已干燥,所需附件应齐全。

4. 作业前,应按所焊钢筋的直径,根据参数表,标定好所需的电流和时间。

5. 起弧前,上下钢筋应对齐,钢筋端头应接触良好。对锈蚀或粘有水泥等杂物的钢筋,应在焊接前用钢丝刷清除,并保证导电良好。

6. 每个接头焊完后,应停留5～6min保温,寒冷季节应适当延长保温时间。焊渣应在完全冷却后清除。

8. 气焊（割）设备安全操作规程牌

气焊（割）设备安全操作规程

1. 气瓶每三年应检验一次，使用期不应超过 20 年。气瓶压力表应灵敏正常。

2. 操作者不得正对气瓶阀门出气口，不得用明火检验是否漏气。

3. 现场使用的不同种类气瓶应装有不同的减压器，未安装减压器的氧气瓶不得使用。

4. 氧气瓶、压力表及其焊割机具上不得粘染油脂。氧气瓶安装减压器时，应先检查阀门接头，并略开氧气瓶阀门吹除污垢，然后安装减压器。

5. 开启氧气瓶阀门时，应采用专用工具，动作应缓慢。氧气瓶中的氧气不得全部用尽，应留 49kPa 以上的剩余压力。关闭氧气瓶阀门时，应先松开减压器的活门螺栓。

6. 乙炔钢瓶使用时，应设有防止回火的安全装置；同时使用两种气体作业时，不同气瓶都应安装单向阀，防止气体相互倒灌。

7. 作业时，乙炔瓶与氧气瓶之间的距离不得少于 5m，气瓶与明火之间的距离不得少于 10m。

8. 乙炔软管、氧气软管不得错装。乙炔气胶管、防止回火装置及气瓶冻结时，应用 40℃ 以下热水加热解冻，不得用火烤。

9. 点火时，焊枪口不得对人。正在燃烧的焊枪不得放在工件或地面上。焊枪带有乙炔和氧气时，不得放在金属容器内，以防止气体逸出，发生爆燃事故。

10. 点燃焊（割）炬时，应先开乙炔阀点火，再开氧气阀调整火。

关闭时，应先关闭乙炔阀，再关闭氧气阀。

氢氧并用时，应先开乙炔气，再开氢气，最后开氧气，再点燃。灭火时，应先关氧气，再关氢气，最后关乙炔气。

11. 操作时，氢气瓶、乙炔瓶应直立放置，且应安放稳固。

12. 作业中，发现氧气瓶阀门失灵或损坏不能关闭时，应让瓶内的氧气自动放尽后，再进行拆卸修理。

13. 作业中，当氧气软管着火时，不得折弯软管断气，应迅速关闭氧气阀门，停止供氧。当乙炔软管着火时，应先关熄炬火，可弯折前面一段软管将火熄灭。

14. 工作完毕，应将氧气瓶、乙炔瓶气阀关好，拧上安全罩，检查操作场地，确认无着火危险，方准离开。

15. 氧气瓶应与其他气瓶、油脂等易燃、易爆物品分开存放，且不得同车运输。氧气瓶不得散装吊运。运输时，氧气瓶应装有防振圈和安全帽。

二、主要工种安全操作规程标志牌

（一）起重工安全操作规程标志牌

起重工安全操作规程

1. 必须持证作业，熟知吊装方案、指挥信号、安全技术要求及起重机械的操作方法。

2. 起吊前要认真检查起重机具、工具是否合格、牢靠，确保安全施工。

3. 坚持"十不吊"原则，有权拒绝违章指令。

4. 起吊前，必须正确掌握吊件重量，不允许起重机具超载使用。

5. 立式设备的吊装，应捆绑在重物的重心以上，如需捆绑在重心以下时，必须采取有效的安全措施，并经有关技术负责人批准。

6. 起吊前应在重物上系上牢固的溜绳，防止重物在吊装过程中摆动、旋转。

7. 起吊物不宜在空中长时间停留，若须停留应采取可靠的安全措施。

8. 缆风绳、溜绳跨越道路时，离路面高度不得低于6m，并应悬挂明显标志或警示牌。

9. 吊装过程中，应坚守岗位，听从指挥，发现问题应立即向指挥者报告，无指挥的命令不得擅自操作。

10. 立式设备吊装就位后，应立即进行找正，地脚螺栓把紧后方可松绳摘钩。

（二）信号工安全操作规程标志牌

信号工安全操作规程

1. 信号指挥工佩戴"信号指挥"标志或特殊标志，安全帽、安全带、指挥旗、口哨俱备，并正确配合使用。

2. 熟悉起重机机械的基本性能，向起重司机及挂钩人员进行旗语手势，声响信号的交底约定。

3. 必须了解吊运物件重量、堆放位置、其他固定物的连接和掩埋情况等，确定吊点、吊装方法的具体事宜。

4. 检查吊索具的磨损状况，有达"报废"标准情况之一的立即更换。尚未达标准却有磨损程度轻的，必须降低其允许使用范围。

5. 检查吊索具、容器等是否符合要求，发现吊具有变形、扭曲、开焊、裂缝等情况必须及时处理，否则停止使用。

6. 吊装作业人员、信号指挥必须集中精力，按规定要求操作，时刻注意塔机的运转、吊物情况。

7. 坚持"十不吊"原则，有权拒绝违章指令。

8. 信号指挥人员要站立得当，旗语（或手势）明显准确，哨声清晰洪亮，与旗语（手势）配合协调一致。上下信号密切联系，应当清楚地注视吊物起、运转、就位的全过程。

9. 信号指挥者应当站在有利于保护自身安全，又能正常指挥作业的有效位置。

10. 吊物起吊 200～300mm 高度时,应停钩检查,待妥当后再行吊运。

11. 吊物悬空运转后突发异常时，指挥者应迅速视情况判断，紧急通告危险部位人员撤离。指挥塔吊司机将吊物慢慢放下，排除险情后，再行起吊。

12. 吊运中若突然停电或机械故障，重物不准长时间悬挂高空，应想办法将重物落放到稳妥的位置并垫好。

13. 吊物时，严禁超低空从人的头顶位置越过，要保证吊物与人的头顶最小的安全距离不小于1m。

14. 两台塔机交叉作业时，指挥人员必须相互配合，注意两吊机间的最小安全距离，以防两吊机相撞或吊物钩挂。

（三）架子工安全操作规程标志牌

架子工安全操作规程

1. 操作人员应持证上岗,操作时须佩戴安全帽、安全带,穿防滑鞋。

2. 脚手架搭（拆）前,必须根据工程的特点按照规范、规定制定施工方案和搭（拆）的安全技术措施。

3. 大雾、雨雪天气和6级以上大风时,不得进行脚手架上的高处作业,雨雪天后作业,必须采取安全防滑措施。

4. 搭设作业时应按形成基体构架单元的要求,逐跨、逐排和逐步地进行,矩形周边脚手架宜从一个角部开始向两个方向延伸搭设,确保已搭部分稳定。

5. 在架上作业人员应穿好防滑鞋和佩挂好安全带,脚下应铺设必需数量的脚手板,并应铺设稳定,且不得有探头板。当暂时无法铺设落脚板时,用于落脚或抓握、把持的杆件均应为稳定的结构架部分。

6. 架上作业人员应作好分工和配合,传递杆件应掌握好重心,平稳传递。对已完成的一道工序要相互询问并确认后才能进行下一道工序。

7. 作业人员应佩戴工具袋,工具用后装于袋中,以免掉落伤人。

8. 架设材料要随上随用,以免放置不当时掉落。

9. 每次收工以前,所有上架材料应全部搭设上,不要存留在架子上,而且一定要形成稳定的构架,不能形成稳定构架的部分应采取临时撑拉措施予以加固。

10. 在搭设作业中地面上的配合人员应避开可能落物的区域。

11. 在搭设脚手架时,不准使用不合格的架设材料。

12. 作业中要听从统一部署和指挥。

（四）油漆涂料工安全操作规程标志牌

油漆涂料工安全操作规程

1. 在高处进行涂料作业时，应搭设脚手架、吊架或使用自升式平台。涂料桶应拿牢放稳。

2. 涂刷窗户时，应将安全带系在牢靠的地方，不得挂在窗档上。

3. 涂料作业场所严禁烟火。

4. 作业中不得用手擦摸眼睛和皮肤。

5. 作业场所应通风良好。

6. 当生漆洒到皮肤上时，应用肥皂水擦洗，严禁使用汽油、香蕉水擦洗。

7. 作业完毕，应及时清理现场和工具，妥善保管、存放余料，并及时更衣。

8. 上面有动火作业时，下面严禁油漆作业。

（五）电焊工安全操作规程标志牌

电焊工安全操作规程

1. 作业人员必须持证上岗。

2. 作业人员必须按规定穿戴好安全防护用品进入现场施工作业。

3. 电焊机外壳必须接地良好，其电源的装拆应由电工进行。

4. 电焊机要设单独的开关，开关应放在防雨的闸箱内，拉合时应戴手套侧向操作。

5. 焊钳与把线必须绝缘良好，连接牢固，更换焊条应戴手套，在潮湿地点工作，应站在绝缘板或木板上。

6. 严禁在带压力的容器或管道上施焊，焊接带电的设备必须先切断电源。

7. 焊接贮存过易燃、易爆、有毒物品的容器或管道，必须清除干净，并将所有的孔口打开。

8. 在密封金属容器内施焊时，容器必须可靠接地通风良好，并应有人监护。

9. 焊接预热工件时，应有石棉布或挡板等隔热措施。

10. 把线、地线，禁止与钢丝绳接触，更不得用钢丝绳或机电设备代替零线，所有地线接头，必须连接牢固。

11. 更换场地移动把线时，应切断电源并不得手持把线爬梯登高。

12. 多台焊机在一起集中施焊时，焊接平台或焊件必须接地并应有隔光板。

13. 钍、钨极要放在密闭铅盒内，磨削钍钨极时必须戴手套、口罩并将粉尘及时排除。

14. 二氧化碳气体预热器的外壳应绝缘，端电压不应大于36V。

15. 雷电时应停止露天焊接作业。

16. 施焊场地周围应清除易燃易爆物品或进行覆盖、隔离。必须在易燃、易爆气体或液体扩散区施焊时，应经有关部门检试许可后，方可施焊。

17. 工作结束应切断焊机电源，并检查操作地点，确认无起火危险后方可离开。

（六）气焊工安全操作规程标志牌

气焊工安全操作规程

1. 工作前应检查所有设备、工具并达到完好，防护用品齐全。

2. 凡独立操作的气焊工，必须持证上岗。

3. 氧气瓶、乙炔瓶和焊割工具不得沾染油脂、沥青等，否则应用脱脂剂洗净吹干。

4. 氧气瓶、乙炔瓶必须立放，严禁倒置。氧气瓶、乙炔瓶禁止接触明火，应加遮护，不得在烈日下曝晒和受高温热源辐射。冬季工作时，防止氧气胶管、乙炔胶管冻坏，须用不含油脂的蒸汽或热水暖化，严禁明火烘烤。

5. 禁止用明火和其他热源加热气瓶。

6. 氧气瓶、乙炔瓶相互间距离不得小于5m。

7. 氧气瓶、乙炔瓶与明火的距离不得小于10m。

8. 搬运氧气瓶、乙炔瓶，应轻抬轻放。无保护帽、防震圈的气瓶不得搬运或装车。乙炔气瓶上的易熔塞应朝向无人处。

9. 气割时，工件应用非可燃物垫离地面。

10. 当焊、割炬回火或连续产生爆鸣时，应及时切断乙炔气。

11. 施工完毕后，关闭全部阀门，禁止漏气，存放到指定地点。

（七）电工安全操作规程标志牌

电工安全操作规程

1. 操作人员必须持证上岗。

2. 进入现场必须按照有关规定穿（戴）好劳动防护用品。

3. 现场施工用的高低压电器设备线路均应按照施工设计和有关电气安全规程安装、架设。

4. 线路上禁止带负荷接电或断电，禁止带电操作。

5. 施工现场夜间照明用电线及灯具，高度应不低于 2.5m，易燃、易爆场所，应用防爆灯具。

6. 一切用电设备必须按一机一闸一漏电开关控制保护的原则，严禁一闸多用。

7. 电气（器）着火应立即将有关电源切断，使用泡沫灭火器或干砂灭火。

8. 登高作业必须两人以上，并戴好安全帽，对用电现场采取安全措施，对所有用电设备要有良好的接地，发现问题及时修理，不得带电运转。

9. 检查时应切断电源，挂上"不准合闸"的告示牌。

10. 检修送电必须认真检查，确定无问题，方能送电。

11. 发现异常情况，必须先查明原因，严禁在没有查明原因的情况下送电，以免造成严重后果。

12. 各种机械设备严禁超载运转，对违反安全操作规程的有权停止供电。

13. 负责井架限位、避雷针装置、漏电开关定期测试工作，发现失灵失效必须及时调换。

14. 发生人身触电事故，应立即采取有效的急救措施。

15. 严禁酒后作业。

16. 按照规定要求执行好交接班制度，作好各项值班记录。

（八）钢筋工安全操作规程标志牌

钢筋工安全操作规程

1. 钢筋机械的安装必须坚实稳固，保持水平位置。固定式机械应有可靠的基础，移动式机械作业时应系紧行走轮。

2. 室外作业应设置机棚。

3. 加工较长的钢筋时，应有专人帮扶，并听从指挥，不得任意推拉。

4. 使用电动除锈时应先检查钢丝刷固定有无松动，检查封闭式防护罩装置、吸尘设备和电气设备的绝缘及接地是否良好等情况，防止发生机械和触电事故。

5. 送料时，操作人员要侧身操作，严禁在除锈机的正前方站人。

6. 展开盘圆钢筋时，要两端卡牢，切断时要先用脚踩紧，防止回弹伤人。

7. 人工调直钢筋时，应检查所有的工具完好性。

8. 拉直钢筋，卡头要卡牢，地锚要结实牢固，拉筋沿线 2m 区域内禁止走人。

9. 人工断料，工具必须牢固。

10. 弯曲钢筋时要紧握扳手，站稳脚步，身体保持平衡，防止钢筋折断或松脱。

11. 断料、配料、弯料等工作应在地面进行，不准在高空操作。钢材品种、半成品分别堆放整齐。制作场地要平整，工作台要稳固。

12. 搬运钢筋要注意附近有无障碍物、架空线和其他临时电气设备，防止碰撞或发生触电事故。

13. 现场绑扎悬空大梁钢筋时，必须要在脚手板上操作。绑扎独立柱头钢筋时，不准站在钢筋上绑扎，必须要有安全设施。

14. 在安装成品钢筋时，应经常检查模板、脚手板是否安全。如遇钢筋工程靠近高压线，必须要有可靠的安全隔离措施，防止钢筋在回转时碰撞电线造成触电伤人。

15. 正确使用各种钢筋机械，操作时要思想集中，工作完毕后应切断电源。

（九）木工安全操作规程标志牌

木工安全操作规程

1. 工作场所应备有齐全可靠的消防器材。严禁在工作场所吸烟和有其他明火，并不得存放油、棉纱等易燃品。

2. 机械的皮带轮、锯轮、刀轴、锯片、砂轮等高速转动部件应在安装时做平衡试验，各种刀具不得有裂纹破损。

3. 严禁在机械运行中测量工作尺寸和清理机械上面或底部的木屑、刨花和杂物。

4. 运行中不准跨越机械传动部分传递工件、工具等。

5. 加工前应从木料中清除铁钉、铁丝等金属物。

6. 撑模、拆模不得使用腐烂、有暗伤的木质或铁木脚手板，也不得使用条子或薄板做立人板。

7. 拆木（铁）模时严禁乱抛模板，以免冲断脚手板。

8. 拆模时必须一次拆清，不得留有无撑模板，拆除模板应及时清理堆放，以防钉子伤人。

9. 高空作业时材料堆放应稳妥可靠，使用工具随时装入袋内，防止坠落伤人，严禁高空作业抛送工具物件。

10. 使用榔头、斧头等工具，木柄要装牢，操作时要注意，以防工具脱柄或脱手伤人。

11. 使用木工机械禁止戴手套，操作时必须集中思想，认真操作，千万不可麻痹大意。

12. 木料堆场严禁吸烟或用明火，废料及木屑、刨花等应即时清理，做到落手清，以免发生意外。

13. 高空作业，严禁酒后上岗。

14. 木工机械设备必须完好配套，接地装置可靠有效。

（十）瓦工安全操作规程标志牌

瓦工安全操作规程

1. 进入现场必须戴好安全帽，扣好帽带，不穿硬底及滑底鞋子。

2. 作业需要搁脚手或使用高凳时，必须垫稳、搁牢，不准用滚动物代替。

3. 施工脚手板放砖不得超过三皮，脚手板经检查后，方可使用，不准穿空板。

4. 高空作业时，严禁任意向地上丢物，劈三分砖时应向里挡劈，并注意落手清。

5. 严禁乘井架吊篮上下，不得从架子上攀登。

6. 注意砌筑和粉刷施工时脚手的安全，下雪天要清除余雪，雨天不准在无防滑措施下进行作业，脚手架所有系拉铁丝不得任意剪除，防止脚手架倒塌。

7. 在危险性大、有行人的地方，必须有防护措施，要征得安全员同意和要有现场安全措施时，方可施工。

8. 砌砖使用的工具、材料应放在稳妥的地方，工作完毕应将脚手板和砌体上的碎砖、灰浆等清扫干净，防止掉落伤人。

9. 严禁用抛掷的方法传递砖料。不准用不稳定的工具或物体在脚手板面垫高操作。

10. 对违章指令，操作人员有权拒绝，并上报有关部门。

（十一）混凝土工安全操作规程标志牌

混凝土工安全操作规程

1. 车子向料斗倒料，应有挡车措施，不得用力过猛和撒把。

2. 用井架运输时，小车把不得伸出笼外，车轮前后要挡牢，稳起稳落。

3. 浇灌混凝土时，使用的溜槽及串筒节间必须连接牢固。操作部位应有护身栏杆，不准直接站在溜槽帮上操作。

4. 用输送泵泵送混凝土，管道接头安全阀必须完好，管道的架子必须牢固，输送前必须试送，检修必须卸压。

5. 浇灌框架、梁、柱混凝土应设操作平台，不得直接站在模板或支撑上操作。

6. 浇捣拱形结构、应自两边拱脚对称同时进行，浇圈梁、雨篷、阳台应设防护措施，浇捣料仓，下口应先行封闭并铺设临时脚手架，以防人员下坠。

7. 不得在混凝土养护窑（池）边站立和行走，并注意窑盖板和地沟孔深，防止失足坠落。

8. 夜间浇混凝土时，应有足够的照明。